现代农业与乡村地理丛书

农田土壤碳氮平衡研究

——以中国环渤海地区为例

郭丽英　王道龙　著

科 学 出 版 社
北 京

内 容 简 介

本书面向可持续农业与农田生态安全的战略需求和前沿科学问题，以中国环渤海地区为例，研究建立了基于农田地域分区的农田土壤碳氮平衡综合评价与格局分析方法。运用 DNDC 区域模型和 GIS 技术系统，深入分析了环渤海地区农业生产区域差异与土地利用的空间变化，揭示了农田生态系统碳氮分布格局及其平衡状况，可为环渤海地区农田保育、田园综合体建设，以及农业绿色发展和农田生态环境保护决策提供参考依据。

本书可供农业资源与环境经济领域的研究人员，大专院校农业资源、土地利用管理、农林经济管理等相关专业的教师、研究生和大学生，以及政府相关管理部门人员参考使用。

图书在版编目（CIP）数据

农田土壤碳氮平衡研究：以中国环渤海地区为例/郭丽英，王道龙著. —北京：科学出版社，2019.3

（现代农业与乡村地理丛书）

ISBN 978-7-03-060870-3

I.①农… II.①郭… ②王… III. ①渤海湾—耕作—土壤—碳氮比—生态平衡—研究 IV. ①S153.6

中国版本图书馆 CIP 数据核字(2019)第 049082 号

责任编辑：朱 丽 丁传标 / 责任校对：何艳萍
责任印制：吴兆东 / 封面设计：图阅盛世

科学出版社出版
北京东黄城根北街 16 号
邮政编码：100717
http://www.sciencep.com

北京厚诚则铭印刷科技有限公司 印刷

科学出版社发行 各地新华书店经销

*

2019 年 3 月第 一 版 开本：787×1092 1/16
2019 年 3 月第一次印刷 印张：7 1/2 插页：2
字数：174 000

定价：79.00 元

(如有印装质量问题，我社负责调换)

《现代农业与乡村地理丛书》编辑委员会

从书序一

中国“三农”（农业、农村与农民）问题的产生与发展，具有特殊的基本国情和特定的历史背景。新中国成立以来，国家推行工业化、城市化优先发展战略，无论是从产业发展、投资政策，还是从资源分配、社会福利方面，都表现出明确的“城市倾向”，以致“三农”问题日益激化和城乡差距不断拉大，其主要根源是我国长期以来实行特殊的工农、城乡“双二元”结构的管理体制。新时期要落实科学发展观和全面建设小康社会，无疑其最艰巨、最繁重的任务在广大农村。因此，大力发展现代农业，建设新农村，实现统筹城乡发展，正成为推进中国现代化建设的重要切入点，也为中国地理学者面向国家战略需求，拓展专业领域的创新研究提出了新的机遇和挑战。

自新中国成立到 20 世纪 90 年代中期，本着“地理学为农业生产服务”的宗旨，地理学科的广大科研人员热衷于从事农业地理或与农业地理相关的一些专业。由地理学者联合攻关、集体完成的“中国农业资源综合调查”、“全国农业综合区划”与“中国土地利用”等一系列国家重点项目，充分展示了地理学界的团结向上、开拓进取的精神风貌，这些成果受到了国家相关部门的认可和省市政府的欢迎。此后，由于社会发展的变化，地理学科的分化，特别是城市化发展、资源环境保护，以及旅游业快速兴起等原因，不少地理研究单位和高等院校地理系纷纷改名换姓，成立了转向研究这些热门课题的新专业，使很多研究者分散到不同领域，关注不同产业和不同部门，因而放松了对农业地理和乡村发展的全面研究，国内农业与乡村地理研究开始进入低潮期。改革开放以来，农村实行家庭联产承包责任制，农业剩余劳动力转入乡镇企业工作或转向城市打工，从事农业生产的劳动力主体弱化、农村教育落后、农村环境恶化、农民增收与农业增效困难、农村经济滑坡问题日益凸显，使农业与乡村发展面临更为严峻的挑战。中国农业与乡村地理学研究和农业、乡村发展近乎“同命相连”，这一状况逐渐引起了政府管理部门与学术界有识之士的格外关注。

进入 21 世纪，党中央、国务院对“三农”工作予以高度重视。特别是党的“十六大”以来，坚持以邓小平理论和“三个代表”重要思想为指导，深入贯彻科学发展观，把解决好“三农”问题作为全党工作的“重中之重”，贯彻“多予、少取、放活”和“工业反哺农业、城市支持农村”的方针，实施统筹城乡协调发展方略。2004 年 1 月，《中共中央 国务院关于促进农民增加收入若干政策的意见》下发，是在阔别 18 年之后，“中央 1 号文件”再次回归“三农”，至今已连续制定了 5

个指导农业与农村工作的“中央 1 号文件”，不断巩固、完善、加强了中央支农、惠农和新农村建设政策。相信随着国家解决“三农”问题一系列配套政策的出台，以及国家综合实力的不断增强，我国农业与农村经济发展中面临的突出矛盾一定能够得以破解，我国农业与农村发展必将迈进全面、稳定、协调发展的良性轨道。

然而，中国农业与乡村地理的学科发展毕竟还是经历了 10 多年的低迷期，当前在机构设置、专业研究和人才队伍等方面还不能适应新时期的国家战略需求和学科发展需要。我认为，中国地理界过去重视农业研究，今后还应更认真地研究农业与乡村发展问题。地理学具有为农业服务的优良传统，新时期地理学更要为“三农”服务，这样既可以发挥学科优势，又能在生产实践中促进学科发展。可喜的是，中国科学院地理科学与资源研究所于 2005 年率先成立了“区域农业与乡村发展研究中心”，2006 年恢复成立了“农业地理与农村发展研究室”；中国地理学会于 2007 年成立了“农业地理与乡村发展专业委员会”。还有一些高校地理系也重视加强了有关农业地理与乡村发展方面的研究机构和专业课程建设。由于有了这些平台的引领和支持，近些年农业地理与乡村发展领域的全国性年度学术会议开始步入正常化。同时，一批农业地理与乡村发展专业的中青年学者相继申请到了有关领域的国家自然科学基金重点或面上项目、中国科学院重要方向性项目、国家科技支撑计划课题及省部级的科研项目。因此，总体上说，农业地理与乡村发展又有了一个良好的开端，但学科建设与人才培养仍任重而道远。

为了展示我国现代农业与乡村地理学领域新的研究成果，由中国地理学会农业地理与乡村发展专业委员会、中国科学院地理科学与资源研究所区域农业与乡村发展研究中心和科学出版社发起，联合国内农业与乡村地理学界专家共同策划了《现代农业与乡村地理丛书》，争取在近 5 年内陆续出版。这在学术上无疑是对中国农业与乡村地理研究的一个阶段性促进和总结，也可与 20 世纪 80 年代初由科学出版社出版的《中国农业地理丛书》等著作相响应，从而完善和推进对中国农业与乡村地理的系统研究。

我十分乐意把这套集学科发展、理论创新与实践总结为一体的《现代农业与乡村地理丛书》推荐给从事地理学、农学、经济学，以及城乡规划、区域发展等领域的专家学者、研究生和管理工作者，期望这套书的出版能够引起更多的专家学者特别是地理工作者对国内“三农”问题研究的密切关注，并欢迎大家投入到这个前景广阔的研究领域中来，精诚合作，共同努力，把中国农业地理与乡村发展的学术研究提高到一个新的发展阶段。

中国科学院资深院士
中国地理学会名誉理事长

2008 年春节于中关村

丛书序二

中国是世界著名的文明古国、农业大国。国以农为本，民以食为天。世界人口大国若不能首先解决好吃饭问题，就不能实现国泰民安。中国的“三农”（农业、农村、农民）问题本质上是一个立体的乡村地域系统可持续发展问题。新中国成立特别是改革开放以来，伴随着快速工业化、城镇化发展，中国传统体制下的“三分”（城乡分割、土地分治、人地分离）弊端日益暴露，“三差”（区域差异、城乡差距、阶层差别）问题不断加大，这些都成为困扰当代中国“三转”（发展方式转变、城乡发展转型、体制机制转换）战略和全面建设小康社会的重要难题，也是中国城乡二元结构背景下“重城轻乡”、“城进村衰”和农村空心化、主体老弱化、乡村贫困化不断加剧的根源所在。

伴随着全球城市化、经济一体化的持续推进，无论是经济发达国家，还是较发达的发展中国家都经历了“乡村振兴”“乡村重构”过程。英美等先行工业化国家是在基本实现工业化、城市化的阶段，为了解决城市发展中诸如市域人口高度集中的问题而推进乡村建设。如20世纪60年代美国的“示范城镇建设”、英国的“农村中心村建设”、法国的“农村振兴计划”等。这些国家通过在农村社区大规模推进基础设施建设，盘活利用农村土地资源与资产，改善农村生产和生活条件，并采取补贴政策，吸引人口回到农村，以解决农村人口过疏化问题。以日、韩为代表的工业化后发国家，在其工业化、城市化进程中出现乡村资源迅速流入非农产业和城市，导致农业和农村出现衰退，城乡发展差距日益扩大，同时在国家具备了扶持农村发展经济实力的情况下，适时推进了农村振兴与建设运动。如20世纪70年代韩国的“新农村运动”、日本的“村镇综合建设工程”等。可见，不同国家、不同地区的乡村重建道路有所差异。中国人口众多，农村底子薄、农业基础差、农民竞争弱。因此，新农村建设与农村发展不可能照搬发达国家完全依赖政府强大财政供给或者农村剩余劳动力全部转移的转型路子，同时也应尽量避免部分拉美国家城市贫困和农村衰败并存的“陷阱”局面。

中国现代地理学的奠基人、中国科学院原副院长竺可桢先生反复强调：地理学为国民经济建设服务，主要是为农业生产服务。著名地理学家吴传钧院士指出：农业是自然再生产与经济再生产的交叉过程，农业与地理环境的关系非常密切，地理学要为“三农”服务，地理学者应特别关注农业与农村发展的问题。过去的半个多世纪，在老一辈地理学家周立三、黄秉维、吴传钧院士的带领下，地理学者主持完成了“中国农业资源综合调查”“全国农业综合区划”“中国土地利用”

等一系列国家重大项目，为国家和地区经济建设做出过具有基础性、战略性的重要贡献。吴传钧院士主编的《中国农业地理丛书》《中国人文地理丛书》等系列著作，在国家相关规划与决策中产生了深远影响，既发挥了人文地理学的学科优势，也培养了一大批农业地理与乡村研究专业人才，在实践中彰显了乡村地理学者站在学科前沿和面向国家战略需求开展创新性研究的重要价值。

进入21世纪，适应加入WTO后农业国际竞争的新形势，以及十六大以来“五个统筹”和“社会主义新农村建设”的新战略，中国现代农业与乡村发展研究开启了新阶段，面向国家战略需求的现代农业与乡村地理学迎来了新机遇，着眼于中国农业战略、农区发展、新型社区、新农村建设等一大批重点项目与成果成为人文地理学创新研究的新亮点。然而，由于中国“三农”问题之多、程度之深、解决难度之大史无前例，快速工业化、城镇化进程中暴露出来的一系列农村发展突出问题及其深层次矛盾还远未解决，有的甚至呈现加剧的趋势。着眼推进新型城镇化、城乡发展一体化、美丽乡村建设、农村“一二三产业”融合战略，中国现代农业与农村发展面临的新难题、新课题、新问题，亟须深入研究、系统探究、试验示范，创新和发展中国特色现代乡村地理学理论体系、学科体系、技术体系。

中国乡村地理学的传统研究侧重于乡村聚落地理（或称村落地理）、农业地理和土地利用问题。随着快速工业化、城镇化发展，中国农村地区以“五村”（无人村、老人村、空心村、癌症村、贫困村）为特征的“乡村病”问题日益凸显，成为推进新农村建设、培育农村新业态和统筹城乡发展面临的突出问题。与城市区域相对应，现代乡村地理学的研究领域应定位于乡村地域系统，深入探究复杂的乡村区域地理问题和城乡融合发展难题，特别要关注前沿领域“十个”研究主题，即乡村地域系统演化机理与过程、乡村系统功能多样性及其可持续性、乡村转型发展与空间形态重构、城乡土地配置与土地制度创新、城乡发展一体化与等值化、现代乡村新业态与经营新机制、乡村化（ruralization）与新型村镇建设、乡村地域文化与生态文明建设、现代乡村治理体系与减贫发展、农业地理工程与农村信息化。

振兴全球农村和发展现代农业，也是世界性难题和重大课题。中国当首先致力于实施“农村全面振兴计划”，系统推进农村兴人、兴地、兴权和兴产业，有效激发农村活力、能力、动力和竞争力。现代乡村地理学者，务必抢抓机遇，担当时代重任，面向国家需求，深入基层实践，协力创新现代地理学理论、方法与技术，并加强与工学、管理学、社会学、经济学、环境科学等相关学科交叉融合，着眼于现代农业与乡村发展的科学问题提炼、现实问题梳理和战略问题探究，科学推进以根治“乡村病”、建设新村镇、培育新业态、创建新机制为导向的乡村转型重构与城乡一体化发展理论、模式、技术、制度与政策综合研究。

为了充分发挥乡村地理学科优势、加快现代乡村地理学发展，更好地适应新时期国家战略需求，中国地理学会农业地理与乡村发展专业委员会、中国科学院地理科学与资源研究所区域农业与农村发展研究中心率先倡导并组织专业队伍，研究并出版该领域的最新成果，瞄准现代农业与乡村发展的时代特色、区域特点、创新机制和科学途径，为推进新时期城乡协调发展和新农村建设奠定理论与方法论基础，为加强国内同行之间的学术交流，积极投身中国农业与乡村发展领域的创新研究提供重要基础和共享平台，更好地发挥地理学服务“三农”决策的国家思想库作用。

《现代农业与乡村地理丛书》拟分期撰写出版。将陆续出版《中国新农村建设地理论》《中国乡村社区空间论》《中国乡村地域经济论》《中国乡村转型发展与土地利用》《城乡转型地理学理论与方法》《空心村综合调查与规划图集》《农村空心化过程及其资源环境效应》《农村土地整治模式与机制研究》《空心村综合整治理论与技术》《新型村镇建设与农村发展》《城乡建设用地统筹置换机理与模式》等著作。

在项目研究、选题策划、专家论证、组织撰写与出版过程中得到了国家自然科学基金委员会、中国科学院、教育部、科技部、中国地理学会、国际地理联合会（IGU)、中国科学院地理科学与资源研究所、中国科学院大学、北京师范大学、河南大学等单位领导和专家的大力支持与指导，科学出版社朱海燕、赵峰、杨帅英、丁传标同志为丛书的编辑与出版付出了辛勤劳动。借此我谨代表中国地理学会农业地理与乡村发展专业委员会和丛书编辑委员会，表示最衷心的感谢和诚挚的敬意！

借此良机，我真诚期望有越来越多的国内外高等院校、科研院所以及从事地理学及其相关专业研究的专家学者，能够更加重视和支持中国农业地理、乡村地理学专业领域的学科成长、人才培养、平台建设、国际合作！真诚欢迎各位领导、专家学者也为进一步完善和提高《现代农业与乡村地理丛书》的撰写与出版水平，多加批评、多予指导，献计献策！

国际地理联合会（IGU）农业地理与土地工程委员会 主席
中国地理学会农业地理与乡村发展专业委员会 主任
中国科学院地理资源所区域农业与农村发展研究中心 主任
刘彦随

2017年春节于北京

前　言

农田生态系统是以农田为基础、以作物为主体的生物成分和以土壤、水分、空气、光热等为主体的非生物成分共同组成的生态系统，其本质是以合理利用农业资源、发展农业生产为目的，以人地协调共生为特征和人工可调控的陆地生态系统，是农业生产最基本的物质基础和空间载体。农田生态系统具有对人类依赖性强、系统结构相对简单、生产力高于自然生态系统等特点。农田生态系统通常是由自然-经济-社会-技术等多种要素有机结合而形成的，具有多种生态、经济社会功能，以及自然、社会双重属性的复合生态系统。伴随着农业科技进步和农业集约化程度的不断增强，特别是一些片面追求产量增长，以及机械耕作、灌溉、施肥等物质能源技术投入力度的不断增大，强烈影响着农田景观格局，促使农田生态系统的物质结构、碳氮循环过程发生了显著的改变。

农田土壤碳氮是评定土壤质量和农田产能的重要指标。农田土壤碳氮循环与平衡状况，不仅影响着土壤肥力和作物产量水平，还影响着农田生态系统与环境的物质交换过程。随着全球气候变化和人类活动引发环境污染问题的不断加剧，农田生态系统质量与健康受到了广泛关注，相应的农业环境生态质量和环境损害的价值评估研究也方兴未艾。其中，以农田生态系统的碳氮物质平衡关系为对象，以科学认识农田碳氮过程与格局为目标，以综合应用定量模型和 GIS 技术为新方法的农田土壤碳氮平衡评价，成为新的热点问题和前沿课题。该问题的深入研究及其成果转化应用，对于指导现代农业生产和保护农田生态环境具有特殊重要的意义与价值。

环渤海地区是我国产业转型与经济发展的核心区域，区域农业可持续发展在我国农村可持续发展和农业农村现代化建设进程的地位日益显现。伴随着生态、绿色、低碳的现代农业的兴起和发展，系统探究环渤海地区农业生产地域结构、区域差异与发展态势，深入揭示土壤碳氮含量的空间格局，探明农田生态系统施氮优化方案和优化配置技术路径，无疑具有重要的时代意义和实践价值。本书面向农业可持续发展和农田生态安全的国家战略需求，通过利用实地调查、定量模拟与评价分析相结合的综合方法，针对环渤海典型类型地区，深入开展农田生态系统物质循环、养分平衡及其有效调控途径研究，既是农业资源利用前沿领域的重要课题，也是科学指导农业生产实践的现实需要。通过定量分析、评价与模拟，研究揭示农田碳氮分布格局及其空间差异，探讨如何构建环渤海地区农业生态系统氮养分投入与农田生态系统之间的平衡，制定不同区域农田土壤养分平衡以及最优氮肥施用方法，为加强农田养分管理和农业可持续发展决策提供参考依据。进一步从农田生态安全保障和田园综合体建设的宏观视角，分析现代农业生产如何平衡追求高产的经济利益与生态安全的社会利益之间的关系，进而为实现降低生态环境代价、提升农田生态系统功能，提出有实际推广和应用价值的理论依据与可持续性建议。

本书是在第一作者博士后研究工作报告的基础上加以修改，并在公益性行业（农业）科研专项（编号：200803036）、国家自然科学基金资助项目（编号：41101162）、国家科技支撑计划项目（编号：2014BAL01B00）共同支持下完成研究撰写并出版的，在此表示深深感谢。

本书所涉研究在确定选题与研究过程中得到导师王道龙研究员的悉心指导。在项目实地调查与分析研究中，王老师给予了莫大的关心和帮助。缅怀邱建军研究员为该项研究提供了优越的科研环境和精心的指导。感谢课题组每一位成员的帮助与大力支持。感谢北京农业信息技术研究中心刘玉博士、中国科学院地理科学与资源研究所王介勇博士、王永生博士等对本书素材组织和成稿修改的帮助。
本书在重新修订和整理过程中，难免出现一些问题和疏漏，若有不妥之处，敬请批评指正。

郭丽英

2018 年 12 月

目　　录

第1章 绪 论

农田生态系统是以农田为基础和以作物为主体的生物成分，以及土壤、水分、空气、光热等为主体的非生物成分共同组成，其本质上是以发展农业生产为目的，以人地协调共生为特征的、人工可调控的陆地生态系统，是农业生产最基本的物质基础。农田生态系统具有对人类依赖性强、系统结构相对简单、生产力高于自然生态系统等特点。面向国家可持续农业发展和农田生态安全的战略需求，通过利用调查、模拟与评价分析相结合的综合方法，着眼典型类型地区，深入开展农田生态系统物质循环、养分平衡及其有效调控途径研究，既是农业资源利用前沿领域的重要课题，也是科学指导农业生产实践的现实需要。

1.1 选 题 背 景

1.1.1 农田碳氮格局研究具有重要的理论与实践意义

碳元素和氮元素是生命体的重要生物化学组成元素（Socolow，1997）。碳氮元素的化学状态变化及位置的迁移，所形成的闭合回路，成为循环（陈重酉等，2008）。碳循环和氮循环通过资源供给与需求计量平衡关系、资源利用与转化的生物制约关系，以及生物学、物理学和化学过程的耦合机制而相互依赖、相互制约、联动循环，协同决定着生态系统的结构和功能状态，决定着生态系统提供物质生产、资源更新、环境净化，以及生物圈的生命维持等生态服务的能力和强度（于贵瑞等，2013）。农田生态系统光合作用的生物生产过程是碳固定和积累的关键过程，也伴随着氮等营养物质的吸收。农田系统中作物等生物有机体内的碳氮等生源要素存在着较强的化学计量关系，使农田生态系统光合作用物质生产和碳固定过程对氮等生源要素的利用效率具有相当程度的稳定性（Sterner and Elser，2002）。碳氮交换通过植物叶片、根系和土壤微生物等生理活动和物质代谢过程将植物、动物和微生物生命体、植物凋落物、动植物分泌物、土壤有机质和土壤与大气的无机环境系统的碳氮循环联结起来，形成了极其复杂的链环式生物物理和生物化学耦合过程关系网络（于贵瑞等，2013）。

农田生态系统依靠土地、光、温、水分等自然要素，种子、化肥、农药、灌溉、机械等人为投入，利用农田生物与非生物环境之间，以及农田生物种群之间的关系，生产食物、纤维和其他农产品（谢高地和肖玉，2013），满足人类社会生存和发展的需要。农田生态系统是由社会-经济-自然结合而成的，具有多种生态、经济社会功能和自然、社会双重属性的复合生态系统，主要特点为目的性、开放性、高效性、易变性、脆弱性和依赖性（尹飞等，2006）。伴随农业集约化程度的增强，片面追求产量增长，伴随机械耕作、灌溉、施肥、害虫化学防治等物质能源技术投入的增强，农业碳氮循环发生了很大的改变。土壤是农田生态系统的主要碳库，碳、氮通过大气-作物-土壤界面进行周转和协同转化，长期施肥通过改变土壤物理、化学和生物学性质，进而影响土壤有机碳、氮储量的稳定性（李海波等，2007）。

农田土壤碳氮是评价土壤质量的重要指标，农田土壤碳氮循环与平衡不仅影响土壤肥力和作物产量，还影响着农田生态系统与环境的物质交换（薛建福等，2013）。农业生产对土壤、大气和水体环境的影响都是通过不同碳氮物质形态借助水这个动力和载体而产生。随着全球气候变化及环境污染问题的愈加突出，以农田生态系统的碳氮物质平衡关系为基础，开展了农业环境质量影响度量研究和环境损害的价值评估研究。因此，合理认识农田碳氮格局，对于指导农业生产和保护生态环境具有重要的研究意义。但目前的大多研究只在单个站点或者某一区域进行，缺乏立足于我国重点粮食主产区，并通过定量分析、评价与模拟，揭示农田碳氮分布格局及其空间差异，为加强农田养分管理和农业可持续发展提供决策参考的研究。

1.1.2 环渤海地区类型典型，农业发展具有重要地位

广义的环渤海地区，包括北京、天津两个直辖市和辽宁、山东、河北三省，是继珠江三角洲和长江三角洲之后的第三个经济快速增长区（傅伯杰等，2004）。环渤海地区平原面积占区域总面积的 63.75%，分布有广阔的华北、海河及辽河平原；山地面积占区域总面积的 23.45%，包括太行山及燕山山地；丘陵占区域总面积的 11.72%，主要是冀北、辽西山地丘陵、鲁中丘陵、辽东半岛及山东半岛等。环渤海地区位于暖温带半湿润季风气候区内，春季日光条件好，气温回升快，相对湿度低，作物光合效率高，病虫害少，7～8 月的光热水充足，利于作物生长。虽然环渤海地区土地面积仅占全国土地总面积的 5.42%，单可利用的耕地面积为 1.96 万 km^2，占全国耕地面积的 15.04%，海拔多在 100 m 以下，为近代冲积平原，

适合机械作业。从土壤类型来看，环渤海地区土壤类型多样，地带性土壤以棕壤和褐土为主，非地带性土壤包括水稻土、潮土、风沙土、盐土、草甸土和沼泽土等（李宝玉，2010）。

环渤海地区人口众多，人均耕地资源比全国平均水平低13.89%，耕地资源十分紧张，人均水资源仅有全国平均水平的18%。近年来，通过提高土地垦地利用程度（何书金等，2002），改善农业基础设施、增加农业投入，尤其是显著增加氮肥的施用量，提高复种指数，使环渤海地区粮食产量稳步增长，成为我国主要的优质农田区和重要的商品粮基地（郭丽英等，2009a，2009b）。2008年，粮食作物播种面积占全国的15.6%，却生产了占全国18.1%的粮食，人均粮食占有量高于全国平均水平。随着人类活动的不断加强，农业生产强度的不断提高，由此也带来了一系列的问题。环渤海地区土壤有机碳密度分布规律为山地丘陵区（森林）>西北部地区（农牧区）>平原地区（农业）>沿海地区（裸地），在一定程度体现了气候和地形等因素的作用，但受人类活动强度影响较大（刘国华等，2003）。1989～2008年，该区域化肥施用量增产了109.8%，呈现出报酬递减的趋势（郭丽英和刘玉，2011），大量的肥料利用，使环渤海地区地下水硝酸盐含量显著升高，呈现为粮田>菜地>稻鱼养殖>果园（王凌等，2009）。

因此，在理论上探讨如何构建环渤海地区农业生态系统氮养分投入与农田生态系统之间的平衡，制定不同区域农田土壤养分平衡以及最优氮肥施用方法。从生态安全的视角，分析在粮食主产区如何平衡粮食高产的个人利益与生态环境的社会利益之间的关系，进而为高产粮区实现低生态环境代价，提出有实际价值的重要理论依据。环渤海地区农业可持续发展在我国农业现代化建设进程的地位日益显现，深入分析环渤海地区农业生产区域差异，揭示土壤碳氮含量的空间格局，探讨农田生态系统施氮优化方案与优化配置技术路径，无疑具有重要的实践价值。

1.1.3 农田施肥不当带来的突出问题日益受到关注

肥料是作物的粮食，在农业生产中的作用不可替代。Norman E. Borlaug在全面分析了20世纪农业生产发展的各相关因素之后指出，“20世纪全世界所增加的作物产量中的一半是来自化肥的施用”。根据我国20世纪80年代的5000多个肥效试验的结果，在水稻、小麦和玉米上合理施用化肥比不用化肥增产48%（中国农业科学院土壤肥料研究所，1986）。随着农业生产的不断发展和化肥施用量的持续增加，施肥的增产作用有所下降，而且农作物高产过程对农田生态系统产生的压力不断增大，农田生态系统结构破坏、功能退化态势日益加剧（高旺盛等，2008；

杨正礼等，2006），成为农田生态保护和可持续农业发展面临的突出问题（Sandhu et al.，2008；Swinton et al.，2007；陈同斌等，2002；陈源泉和高旺盛，2009；王道龙和羊文超，1999；谢高地等，2005）。

我国农田化肥施用过程中存在的主要问题为施用量过高、施用结构不合理与施用方法不当。统计表明：1980 年，我国化肥年施用量为 1269.4 万 t，而 1990 年化肥的年施用量达到 2590.3 万 t，氮肥量为 1638.4 万 t，10 年间增长了一倍。2000 年化肥量达到 4146.4 万 t，氮肥量为 2161.5 万 t，到 2008 年我国化肥年施用量达到 5239.2 万 t，氮肥量为 2302.9 万 t。截至 2012 年，我国化肥施用量为 5838.9 万 t，占世界化肥总用量的 1/3，单位耕地面积化肥施用量已经超过世界平均水平 3 倍多（丁锁和臧宏伟，2009）。目前，我国农田施肥量达到 480kg/hm^2，是发达国家规定的安全上限 225kg/hm^2 的 2.1 倍，是中国生态县建设规定的 250kg/hm^2 的 1.9 倍（刘钦普，2014）。农田施肥中“重化肥、轻有机肥”，使土壤有机质下降，肥力不高。化肥施用中氮肥比例高，N∶P_2O_5∶K_2O 的比例为 1∶0.49∶0.42，低于发达国家的 1∶0.5∶0.5。区域差异大的问题，东南投入高，西北投入低（刘钦普，2014）。除此之外，虽然研究和实施了测土推荐施肥、氮肥深施、灌溉施肥、以水带氮、前氮后移、缓控释肥等成熟的施肥技术，但是我国土地基础肥力差、经营分散、地块面积小、复种指数大、倒茬时间紧等因素，使科学施肥的推广和应用存在难度，施肥的盲目性依然广泛存在（朱兆良和金继运，2013）。

1.1.4 深入开展科学施肥决策支撑研究势在必行

我国的科学施肥技术模式大体分为 3 个阶段：参照施肥技术模式、区域大配方施肥模式及田块精准施肥模式（王兴仁等，2016）。但由于我国人口众多，耕地资源紧张，经营分散，阻碍了施肥技术的应用。农田化肥施用量、施用方法和施用结构的不合理，不仅导致化肥施用效益的降低，而且严重污染了土壤、水、大气和农村生活环境，由此带来的化肥报酬递减问题、农业面源污染问题，以及温室气体排放问题引起了科学家的广泛关注。肥料和灌水利用效率低下，致使农业生产（畜禽养殖业、水产养殖业与种植业）排放的 COD、N、P 等主要污染物量，远超工业与生活源，成为污染之首。现代农业生产中播种、灌溉、收割、干燥，以及肥料工业的温室气体排放总量为 100～130 kg C/（hm^2·a）（Rosenzweig and Tubiello，2007）。施用氮肥引起的温室气体排放对土壤固碳效益具有 184%～552% 的抵消作用（逯非等，2009）。因此，我国著名的土壤学家朱兆良先生着眼于大面积生产中减少施肥的盲目性、控制氮肥施用量，协调氮肥的农学效应和环境效应，提出了“区域宏观控制与田块微调相结合”的推荐施肥理念（朱兆良，2010）。

国内外科研工作者主要利用田间定位试验和模型模拟，指导科学施肥。田间定位试验的结果准确可靠，但应用范围的局限性较大；模型模拟研究很好地弥补了研究尺度和适用范围的问题，但需要定位试验的相关数据进行验证。

国内外相关学者在对农业生态系统的研究中，已经意识到过量施氮对农业生态环境的潜在威胁，因而在对农田土壤养分的研究中注重将DNDC模型与GIS技术、遥感技术的有机结合，以反映出不同环境信息的空间相关性。自20世纪80年代起，已有十几个模型发表，以描述土壤有机质活动为核心的、较为成熟的生物地球化学模型有CENTURY、DNDC、NCSOIL、ROTHC等，成为研究全球变化与陆地生态系统（GCTE）的主要手段（潘志勇，2005）。但在典型区域研究中忽视了区域之间的差异性，由于区域所处的地理位置不同，农业气候、种植结构和耕作措施等存在差异性，秸秆及人畜粪便的还田量也不同，所以有必要在对区域进行类型划分的基础上开展深入研究，进而为科学施肥决策提供支撑。

1.2 研究进展

1.2.1 农田土壤碳库及其影响因素

土壤有机碳包括植物、动物及微生物的遗体、排泄物、分泌物及其部分分解产物和土壤腐殖质（Post et al.，1996）。土壤是陆地生态系统中最大的有机碳库，全球1m深度的土壤中储存的有机碳量约为1500 Gt，超过了植被与大气有机碳储量之和（Batjes，1996；Wang et al.，2004），2.3m深度的土层有机碳储量约为842 Gt（Jobbágy and Jackson，2000）。土壤有机碳储量的变化取决于外源碳的进入量和内源碳矿化分解量的相对大小。由于自然生态系统向农业生态系统的转变、耕作、侵蚀导致的土壤退化和其他过程对土壤有机碳的消耗，目前，全球土壤碳库已经损失了55.90Pg C，全球农业和退化土壤的碳汇能力已经下降到初始值的50%～66%（Lal，2004）。农田土壤有机碳，不仅为植被生长提供碳源，维持土壤良好的物理结构，同时也以CO_2等温室气体的形式向大气释放碳。在陆地生态系统碳库中，只有农业土壤碳库是强烈人为干扰而又在较短时间尺度上可以调节的碳库，而且农业能重新收集与固定能源消耗中排放的碳，从而受到科学家的关注。全球农业土壤固碳潜力为20Pg（FAO，2003），农业土壤的碳吸收潜力接近每年大气CO_2总增加量的1/4～1/3。因此，农业的可持续发展与农业土壤碳吸收能力的保持，对于全球粮食供应与缓解气候变化具有双重的积极效应（潘根兴和赵其国，2005）。

农业碳库包括土壤碳库和植物生物量碳库。对于全国尺度的农田土壤碳储量研究，主要根据土壤普查数据、文献调研资料及模型的方法估算得到。梁二等（2010）依据土壤普查数据研究发现，1960～1980 年，我国农田土壤有机碳含量从 23 g/kg 下降到 15 g/kg，20 世纪 80 年代后期，农田土壤有机碳含量增长到 21 g/kg，由源转为汇。基于土壤普查数据的研究表明，中国农田土壤碳储量为 15.08Pg（Wang et al.，2004），基于普查数据和文献调研数据的计算结果表明，1980～2000 年，我国农田土壤有机碳储量为 12.98Pg，占总有机碳库的 14.5%（Xie et al.，2007）；DNDC 模型模拟结果表明，我国农田表层土壤（0～30cm 深）有机碳储量为 3.97PgC（Tang et al.，2006）。Yu 等（2010）在系统综合不同研究的估算结果后，利用各研究的平均土壤碳密度 82.85 Mg/hm^2，与农田面积（156.3 万 km^2）计算，得出中国农田碳储量为 12.95PgC。

土壤有机碳库库容的变化受气候、植被、土壤理化特性与人类活动等诸多物理、生物和人为因素的综合影响。王艳芬等（1998）研究表明土地覆被类型变化，不仅直接影响土壤有机碳的含量和分布，还通过影响与土壤有机碳形成和转化有关的因子而间接影响土壤有机碳。土壤理化特性在局部范围内影响土壤有机碳的含量，黄昌勇（2000）、Parton 等（1987）、Hook 和 Burke（2000）认为，土壤质地不仅影响土壤中有机碳的蓄积量，还影响其在土壤有机碳的各组分中的分配。农田土壤有机碳的含量和组成与农田的可持续利用密切相关（Bindraban et al.，2000；罗明等，2008；杨林章和孙波，2008）。张国盛等（2005）认为，人类的耕种活动经常会造成农田土壤有机碳含量的降低，主要的原因是耕作和种植作物可导致土壤温度、湿度及空气状况的变化，有机物料输入的减少，以及造成土壤侵蚀。利用长期定位试验数据的整合分析发现，施用有机肥、化肥和有机肥配施、秸秆还田，以及免耕措施的农田管理措施中，分别有 98%、97%、95%和 92%的试验表明土壤有机碳不断增加（金琳，2008）。

1.2.2　农田土壤氮库及其影响因素

氮是植物生长过程中需求量最大的元素，也是陆地生态系统中植物生长的限制因子。大气是最大的氮库（3.9×10^{18}kgN），陆地生物圈（3.5×10^{12}kgN）和土壤有机质（95.140×10^{12}kgN）中的氮相对较少。氮的主要存在形式有蛋白质、氨基酸、NH_3、NO_2 和 NO_3^- 和 NH_4^+。Post 等（1985）估算了全球生态系统中 0～100cm 深土壤中氮储量为 9.5×10^{15} kg。McElroy（1983）利用碳氮比估算全球土壤有机氮储量为 7×10^{13} kg。陆地生态系统中，土壤中氮储量约是植物氮储量的 3 倍，而土壤圈的氮循环是全球生物地球化学循环的重要组成部分，但土壤氮循环的不确定性也是最大的。基于全国第二次土壤普查的数据，计算出陆地表层（0～30cm 深）土壤平均氮密度为 0.536kgN/m^2，土壤氮储量约为 54.34×10^{11}kg；0～100cm 深土壤平均氮密度为 1.31kgN/m^2，土壤氮储量约为 126.57×10^{11}kg，其中表层土壤氮库占 0～100cm 深土壤氮库的 42.9%（张春娜，2004）。

陆地生态中氮素的输入主要包括大气氮沉降、生物固氮、施肥和人类活动；氮素的输出工程包括：硝化作用、反硝化作用、氨挥发、土壤淋失、径流，以及人为干扰的生态系统中的生物量与枯落物的清除。土壤的供氮能力既取决于土壤有机质、全氮（TN）量的有效性，也与氮库的大小有关。土壤氮素是土壤肥力的重要组成部分，即使在大量施肥的情况下，作物中的氮素约有 50%来自土壤，在部分土壤中甚至高达 70%（冯绍元和郑耀泉，1996）。由于生物对氮素的吸收较快，使土壤中的无机氮库（NO_3^- 和 NH_4^+）较小，土壤有机氮一般占土壤全氮的 90%以上（Stevenson，1982），是土壤氮素的主要存在形态，是植物所需矿质氮的源和汇，在土壤氮素固持和转化中具有至关重要的作用，土壤中氮库容量、分布及形态是影响土壤肥力的重要因素，气候和人类活动（如施肥和灌溉）等对土壤中氮素的含量和形态的影响较大。作为陆地氮库的主体，土壤氮库的微小变化，引起大气 N_2O 浓度和氮素的径流以及淋溶损失，导致气候变暖和面源污染。无机氮的输入和输出决定着土壤有机氮库各组分之间的相互转化（Chivenge et al.，2011）。外源化肥氮在土壤中转化的过程中酸解性铵态氮起到了“暂时库”的作用，氨基酸态氮起到了“过渡库”的作用，非酸解性有机氮可作为氮素的“稳定库”存在，外源氮在这几个主要的氮库中动态转换以保持土壤-作物体系中氮素的循环（姜慧敏等，2014）。

1.2.3 农田生态系统碳氮平衡研究

农田土壤碳氮动态与土壤生产力、大气中温室气体浓度的变化密切相关。其次，土壤碳氮水平也是反映土壤生产力高低的一个重要指标，明确土壤碳氮关系，提高土壤碳氮水平，对保障我国粮食安全和农业持续发展意义重大（Sarmiento and Bottner，2002）。因此，土壤碳氮平衡研究一直是土壤学、生态学和农学界关心的领域。

农业生态系统中土壤碳和氮的循环动态包括有机质的产生、分解、氮素硝化、反硝化和发酵过程的复杂生物地球化学过程，这一过程又受众多因子控制，诸如土壤温度、湿度、氧化还原电位、植物生长和水土流失等，这些环境条件又进而受制于气候、土质、植被和人类活动等生态驱动力。在这些影响因子组合上的任何变化，都会改变土壤碳氮的质和量（邱建军和秦小光，2002）。农业土壤有机碳的增加不仅对土壤氮的保持有重要的影响，而且土壤碳、氮库的稳定对粮食稳产和粮食安全更具有决定性作用（Lal，2004）。如何使农田生态系统保持较高的土壤肥力基础，保持适宜的土壤碳氮平衡就成为迫切需要解决的课题。

从研究手段上来看，主要有试验研究和模型模拟两种手段，对土壤碳氮平衡进行研究分析。通过点位试验，主要从作物水肥管理、种植模式、土壤性质等方面对土壤养分的转化、吸收、固定和迁移过程变化对土壤碳氮平衡的影响作出研究；在区域上，从土壤类型、地形及气候方面，研究了土壤养分的时空变化对碳氮平衡的影响（Zhang et al.，2007；周慧平等，2007）。由于碳循环过程及各碳库之间的碳通量和反馈机制的复杂性，模型被认为是研究农田生态系统碳循环最有效的手段（刘昱等，2015）。目前关于碳氮平衡的模型较多，常见的如 DNDC、CENTURY、RothC 等，研究的尺度也从县域到国家甚至全球尺度不等（邱建军和秦小光，2002）。

1.2.4 农田土壤碳氮研究模型及应用

从 20 世纪中期开始，国内外学者建立了各种模型，模拟不同尺度的生态系统碳循环过程，主要经历了碳平衡模型、植被-气候关系模型、生物地球化学循环模型 3 个阶段（刘昱等，2015）。生物地球化学循环模型能描述碳在植物、大气、土壤 3 个碳库及植物-大气、植物-土壤和土壤-大气 3 个界面之间的动态过程，还可以描述陆地生态系统对气候变化的响应与反馈过程，植被变化速率、组成结构变化以及土地利用和土地覆盖变化（LUCC）的影响。具有代表性的生物地球化学循环模型包括 RothC（rothamsted carbon）模型、CENTURY 模型、DAISY（danishsimulation）模型、CLASS（canadian land surface scheme）模型、DNDC（DeNitrification-DeComposition）模型和 APSIM（agricultural production system simulator）模型，这些模型对进一步揭示生态系统碳氮循环机理、量化碳氮循环通量与温室气体排放起到了独到作用（邱建军和秦小光，2002）。国内学者从 20 世纪 80 年代开始着手陆地生态系统碳循环模型的开发。国内有影响的模型主要有 SCNC 模型、Agro-C 模型、EPPML 模型、AVM 模型、SMPT-SB 模型、EALCO 模型等（黄耀等，2010）。

DNDC 模型是由美国 New Hampshire 开发，用来模拟农业生态系统中碳氮生物地球化学循环（李长生，2000，2001）。DNDC 模型可以模拟预测复杂的农业生态系统的动态过程，在农业生态系统中的应用范围主要包括，农田土壤SOC含量的模拟研究（邱建军和唐华俊，2003；邱建军等，2009；王立刚和邱建军，2004）、土壤CO_2（李虎等，2007）、N_2O（王立刚等，2008）和CH_4（李长生等，2003）等温室气体，以及作物根呼吸量、作物吸收N量和作物生长情况等（李虎等，2008）。早在2000年，DNDC模型的结果显示，土地利用方式和田间管理所引起的中国农业土壤年净排放碳量为7318Tg，其中损失的碳量为366Tg，农作物残留物补给的碳量为293Tg（李长生，2000）。利用DNDC模型对我国1998年土壤氮素、东三省地区和曲周县的土壤有机碳含量进行了模拟，结果显示，我国的农田土壤氮素平衡状况表现为总体过剩，总过剩量为456～9620Gg，均值为709Gg（邱建军等，2008）；东三省地区的耕层（0～30 cm深）土壤有机碳储量为112435Pg，平均为81165t/hm^2（邱建军等，2004）；利用田间实测试验数据与DNDC模型结合，高产粮区河北省曲周县农业耕地土壤的总有机碳储量为742.94Gg。

DNDC模型能够模拟现实环境条件下作物生长和土壤化学变化，已经在我国东北、西南、华北、黄土高原旱作农业区和华东地区等进行了广泛应用（刘昱等，2015）。由于中国气候格局、土壤特征、管理方式与北美和欧洲有着巨大的差异，需要不断发展具有中国特色的农田固碳模式。借鉴国际主流碳循环模型的相关经验，结合中国农田生态系统的特点，在相关机理性试验研究的基础上，开发和改善中国的农田生态系统碳循环模型，从不同的时空尺度上，分析不同区域、不同种植模式下的农田固碳现状与潜力，并分析碳循环与其他重要元素循环机理的结合点和耦合机制（刘昱等，2015）。

1.2.5 农田耕作管理措施对土壤碳氮影响

农田土壤碳氮含量和组成与农田的可持续利用关系密切，土地利用、耕作、作物类型、种植密度、灌溉、施肥，以及其他人为活动都会引起农田土壤碳氮的变化（Qiu et al.，2009；姜勇等，2007）。国内学者针对农田耕作方式对土壤碳氮的影响开展了大量的研究工作，重点讨论耕作、施肥和秸秆还田对土壤碳氮的影响。

保护性耕作使表层土壤中作物根系生物量和微生物生物量增加，降低土壤的呼吸强度，减少碳损失（张四海等，2012）。许多国家和地区的免耕和少耕措施结果表明，保护性耕作能增加有机碳积累，增加土壤的固碳潜力（He et al.，2011；Lu et al.，2009），但保护性耕作对深层土壤有机碳含量的影响及其是否随耕作年限的增加而持续的结论尚不确定（张海林等，2009）。关于保护性耕作对氮素利用效率的研究则主要集中在土壤氮素含量变化、NH_3挥发、N_2O排放与氮素淋失及其影响机制方面。通过综述分析发现，保护性耕作能增加表层土壤的全氮含量、增加农田土壤 NH_3 挥发和 N_2O 排放，降低渗漏水中硝态氮含量，但增加渗漏水量，导致硝态氮淋失量增加（薛建福等，2013）。辽宁彰武县 6 年的免耕秸秆覆盖研究表格，免耕覆盖增加表层（0～15cm 深）土层的有机碳氮储量，对 15cm 深以下土层没有影响，使土壤有机碳氮呈现表聚或层化现象（胡宁等，2010），徐阳春等（2002）也认为，免耕使土壤耕层变浅，植物的残体及连年施入的有机肥也主要积累于表土中，使有机碳含量增加在土壤表层要更明显。较高的土壤层化率代表土壤质量提升和土壤生态功能加强，但国内目前关于保护性耕作下，土壤有机碳氮及 C/N 的层化率研究还相对较少（薛建福等，2013）。研究也发现我国自然土壤开垦为耕地后土壤表层有机碳库的总损失约为 2Pg，其中华北、西北和西南地区占 60%（Song et al.，2005）。

施肥能促作物生长，增加作物产量，通过增加土壤碳输入起到固碳效果。施肥将改变土壤中碳氮的可矿化量、微生物碳氮含量及其微生物活性，施肥对土壤有机碳的影响因肥料的种类而异（周莉等，2005），施用化学氮肥（1207 万～4276 万 t）引起的农田土壤固碳潜力为 12.1～94.1TgC/a（Lu et al.，2009）。金琳（2008）研究认为，化肥与有机肥配施的固碳作用最大，达到 0.889 tC/（$hm^2 \cdot a$）。姜勇等（2003）认为，不重视有机肥施用是导致辽宁省沈阳市苏家区近 20 年农田耕层土壤有机碳含量普遍下降的主要原因。有机肥的改土培肥作用被许多研究所证实，施用有机肥能增加土壤有机质，有利于保持和提高土壤碳氮磷等储量。因此，单施有机肥以及有机-无机肥配施对土壤有机碳库的积累和土壤有机质含量的提高有着显著的作用，该结果在世界上的著名长期试验场均得到了验证，如英国 Rothamsted、美国 Morrow、丹麦 Askov 和德国 E-field 及国内的许多长期定位试验等（彭畅，2006）。化肥态氮肥是我国土壤氮素收入的主要途径，约占氮素总收入量的近 60%，也是造成农田土壤氮素过剩的主要原因；除去作物生长对氮素的利用，NH_3 挥发和氮淋溶分别占总氮素支出量的 35%和 15%（邱建军等，2008）。长期施用有机肥能显著提高氮素初级矿化-同化周转速率，对自养硝化作用和反硝化作用的刺激作用明显高于施化学氮肥。有机肥一直被提倡和实践用来改善土壤肥力和提高土壤固碳能力，无论是单施有机肥还是有机-无机配施，均能有效地减轻硝酸盐污染，改善土壤肥力并提高作物产量。但过多施用有机肥也会增加氮损失的风险（王敬等，2016）。

我国秸秆资源丰富，2008 年农田秸秆产生总量为 8.1×10^8t，能提供氮 7.51×10^6t、P_2O_5 2.3×10^6t 和 K_2O 1.2×10^7t（李书田和金继运，2011）。秸秆还田能保护土壤有机碳物理保护层，减少有机质的矿化分解，有利于土壤碳氮固存，从而增加土壤有机碳和氮的积累（Norton et al.，2012），秸秆还田的推广是我国农田表土有机碳含量增加的主要原因之一（黄耀和孙文娟，2006）。黄淮海平原长期定位试验结果表明，秸秆还田显著增加土壤碳氮储量，还显著提升固碳潜力和固氮潜力（许菁等，2015）。金琳（2008）通过估算认为，秸秆还田措施对土壤有机碳的增加作用，仅次于化肥与有机肥配施，存在较大的固碳潜力。张庆忠等（2006）研究华北平原小麦高产区，若小麦秸秆全部还田，可以增加土壤有机碳 690kgC/（hm^2·a）。长期秸秆还田提高了土壤肥力（氮、磷），增加了土壤碳固持，对酸解氨基酸态氮的贡献高于酸解氨态氮，高量秸秆还田提高了微生物量氮和硝态氮含量，但降低了固定态铵含量（赵士诚等，2014）。在我国稻田推广秸秆还田的固碳潜力为 10.48 TgC/a，但秸秆还田引起稻田甲烷排放增加，是土壤固碳减排能力的 2.16 倍，引起温室气体泄漏，应当引起重视（逯非等，2010）。

1.2.6 农田施肥及其存在问题研究

区域农业发展离不开合理、稳定的物质投入。施肥、灌溉和良种引入是保证作物高产的 3 个重要的外部条件（Borlaug，2007）。施肥是作物的“粮食”，是农业发展中的重要组成部分。根据联合国粮农组织（FAO）调查，施肥可使发展中国家粮食作物单产提高 35%～57%，总产量增加 30%～50%（Penman et al.，2000）。我国化肥试验网的结果表明，施用化肥使水稻、玉米、棉花单产提高 40%～50%，小麦、油菜等越冬作物单产提高 50%～60%，大豆单产约提高 20%。伍宏业等（1999）对肥效结果推算表明，施用化肥对 1986～1990 年我国粮食总产量的贡献率约为 35%。

FAO 的统计资料显示，1978～2008 年，我国氮肥施用量增加了 3.58 倍，施肥量不断增加，但粮食产量却增加缓慢，也使作物对氮肥的利用效率低下。国内科学家针对我国主要粮食作物的氮肥利用效率开展了大量研究，朱兆良在 1982 年，总结了全国 782 个田间试验数据，发现我国主要粮食作物的氮肥利用效率为 28%～41%，均值为 35%（朱兆良，1992）。2008 年，张福锁等（2008）对 2001～2005 年不同作物和不同区域实验结果分析表明，我国主要粮食作物的氮肥利用效率为 26.1%～28.3%，均值为 27.5%。在 2015 年，于飞和施卫明（2015）对 2004 年以来的中文氮素效应研究相关文献及数据进行了统计分析，水稻、小麦和玉米的氮素利用率分别为 39.0%、34.8%和 29.1%，较张福锁等（2008）的统计结果高 6.8%，与朱兆良（1992）的研究结果基本持平。造成氮肥利用效率低下的主要原因有，氮肥用量过大、肥料施用结构单一和施肥技术落后。工业革命以来，进入中国农田生态系统的活性氮（氮肥和生物固氮）有 33.6TgN，占全球的 21%，但由于我国耕地仅占全球耕地面积的 8%，单位面积氮素投入远超世界平均水平（Cui et al., 2013）。中国已成为世界上活性氮制造量最大，氮肥施用量最高的国家。2010 年我国化肥氮消耗量为 28.9TgN，除豆科作物外，平均施氮量为 $183kgN/hm^2$，而且氮肥施用量存在明显的区域差异，东部黄淮海和长江中下游地区用量远高于全国平均水平（王敬国等，2016）。其次，一方面，肥料养分施用比例失调，偏施、重施单一化肥，N 的比例过大，N、P、K 养分的比例不协调，限制了氮素利用率的提高；另一方面，化肥施用比例过高，有机肥比例较少，导致土壤物理性状变差、团粒结构遭到破坏、土块板结、保水保肥能力降低，从而加大了养分的地表径流，养分流失加剧（杨林章等，2013）。最后，施肥技术落后也是导致氮素损失的主要原因，施肥阶段与作物需求脱节，施肥方法大多还局限于撒施，缺少精准施肥和区域施肥的应用，缺少新型肥料的应用，而且过量灌溉现象严重，引起营养元素的流失，降低氮素利用效率（巨晓棠和谷保静，2014）。

肥料效率利用低下，带来了一系列的问题。首先，每千克肥料养分增加的产量（农学效率）不断下降，生产成本增加，净收入降低，造成施肥报酬递减的客观规律（朱兆良和金继运，2013）。其次，过量施用化学氮肥，使土壤中氮素残留量升高，损失到大气和水体中，导致地下水硝酸盐污染，造成农业面源污染（Ju et al., 2009；张维理等，1995；张云贵等，2005）。最后，过多的氮素投入，导致土壤 C/N 比发生变化，促进土壤有机质分解和 N_2O 排放，加速全球变暖（Snyder et al., 2009）。过量施氮会引起作物秸秆碳氮比下降，还田后不利于增加土壤有机质，而合理施氮可以提高作物秸秆的碳氮比，回田后有利于土壤有机质的累积（黄涛，2014）。DNDC 模拟结果表明，优化施氮不仅没有降低作物产量，而且显著降低土壤 N_2O 排放，对土壤固碳的影响较小，优化施氮结合秸秆还田，使农田由碳源转变为碳汇（杨黎等，2014）。

1.3　研究目的与内容

本书着眼于我国环渤海地区农业生产、经济社会发展，以及农田生态环境保护的特殊区域背景和战略任务，以实现农田生态系统平衡和农业可持续发展为目标，在学习继承前人研究成果的基础上，深入开展基于 DNDC 区域模型和 GIS 技术相结合的典型问题分析与模型应用实证研究。首先，根据确定的主要农田地域划分依据和相应原则，对环渤海地区农田土壤进行分区分级；其次，针对不同农田土壤区划采用不同的参数构建环渤海地区 DNDC 数据库；再次，应用模型模拟分析环渤海不同区域农田土壤氮、有机碳含量，并结合 GIS 真实地反映区域农田土壤碳氮含量的空间格局。最后，依据土壤含碳氮量的高度空间变异性原理，深入分析土壤含氮及有机碳量的空间分布特征和其变异规律，为环渤海地区土壤可持续利用与区域可持续发展提供科学依据和决策参考。本书通过模型系统模拟，构建区域农田生态系统土壤碳氮空间分布格局，分析揭示土壤碳氮含量空间差异的主要特征，为环渤海地区农田生态系统预警、农田保育和土壤养分合理施用提供科学参考依据。主要研究内容包括以下 4 个方面。

1.3.1 环渤海地区农田地域分区研究

由于环渤海地区的农业地域类型多样，不同类型区所处的区位不同，其气候差异、种植制度、作物类型和耕作措施都有所不同，不同作物的施肥量及秸秆还田量也各不相同，因此，需要对环渤海农田进行分区研究。农田地域分区遵循差异明显、范围适中、便于操作的准则，如果分区范围过大，造成同一区间共性过小而分异较多；如果分区范围过小，在此基础上对全区域的研究过于繁琐，也缺乏可操作性。为此，本书在确定区划系统和进行分区时，根据对当地农业生产影响的重要性依次确定了区划指标。主要包括农业种植结构、农业气候特征、农业耕作制度、农业土壤特征等主导因素。在分区评述中进一步概括各类型区的地理位置、所辖范围、地形、农业生产条件、水温因素、农作物种植情况等具体内容。在同一级分区中，注重采用主导指标和辅助指标结合的方法进行类型区划分，除了考虑以上主导因素，还选用地理位置、地形、物候、土壤等自然景观差异作为补充指标。在多因素评价基础上进行农田类型归并，坚持以下 4 条原则：①自然条件相同或相近；②农村经济发展现状比较接近；③耕作和施肥方式基本接近；④不打破县域界线。

1.3.2 环渤海不同区域农田 DNDC 模型构建与验证

通过收集环渤海地区的逐日气象数据（日最高气温、最低气温、日降水）、农田管理数据（耕作、播种、无机肥施用、秸秆还田、灌溉）、土壤相关性质（干土容重、土壤质地，萎蔫系数、饱和含水量、田间持水量、饱和导水率、土壤有机质含量）、有机肥施用（人口、牲畜），以及典型点位经纬度与海拔资料，建立符合 DNDC 区域模型参数要求的环渤海地区研究基础数据库。构建用于模型验证的环渤海不同区域的点位 DNDC 数据库。然后，通过点位数据模拟和验证区域模型，着重解决区域模型难以验证的技术问题。深入研究从模型参数数据库、点位数据库构建，到区域模型构建和验证相结合的技术方法，并在环渤海典型地区得到实际应用。

1.3.3 环渤海地区不同养分投入下土壤碳氮含量空间差异

将地球生物化学模型（DNDC 模型）应用于环渤海地区不同施肥和秸秆还田方式下农田土壤氮含量分析研究，结合地理信息系统（GIS）技术和遥感（RS）技术，深入开展区域农田土壤碳氮含量空间格局模拟及其差异研究。通过利用 GIS 技术实现环渤海地区县域矢量图与土壤碳氮含量数据库链接，建立分县域土壤碳氮含量空间数据库和属性数据库，用以支持区域土壤碳氮平衡分析和决策研究。

1.3.4 环渤海地区农田土壤碳氮合理性及农业生态环境适应性探讨

基于环渤海地区农田地域分区、DNDC 模型模拟结果，以及不同县域土壤碳氮含量空间差异数据库，进一步结合区域农业生产方式、种植类型状况等，深入开展环渤海地区县域尺度不同区域农田施氮合理性评价及其农业生态环境适应性分析，并针对研究区域的耕作措施、施肥技术、农业生态环境等，提出相应的农田养分管理的具体对策和建议，为环渤海地区不同县域农田养分科学管理和可持续农业发展决策提供参考依据。

1.4 研究方法和技术路线

1.4.1 研 究 方 法

本书选择环渤海地区的典型农田，结合区域土壤本底养分状态，在建立不同分区农田土壤属性和空间数据库的基础上，综合应用 GIS 和农田生态系统生物地球化学模型的方法，融合了多学科的理论知识，主要包括地理学、环境科学、土壤学、农学和水文学等学科的理论知识和方法。

（1）农田土壤区划方法。针对不同区域的农业区域条件与耕作措施，提出合理的农田土壤区划原则和方法，划分农田地域分区，并针对不同区域分析农田土壤养分投入状况。

（2）DNDC模型。对区域的不同分区建立相应数据库，引进9.3版DNDC（De-Nitrification & De-Composition）模型，利用项目典型试验获得的不同地域点位数据，对区域模型进行验证和校正。定量分析区域农田生态系统土壤有机碳、氮含量的空间分布特征，并探讨不同地域养分投入对生态系统污染的影响，建立优化农田养分管理措施。

（3）GIS技术。应用GIS分析区域农田土壤有机碳、氮含量的空间分布特征，结合模型作为模型输入参数获取和模型结果可视化表达的有效辅助工具，以及利用统计分析法进行研究区农田土壤有机碳、氮含量空间分布等级划分，进而识别区域农田土壤氮污染的重点区域，以及在特定农业生产方式下施氮平衡状态和生态安全目标的差异性。

（4）农田生态系统定量评价方法。深入开展环渤海地区县域尺度的不同区域农业施氮合理性评价分析，并针对耕作措施、施肥技术提出相应的农田养分管理建议，为环渤海地区不同区域农田养分科学管理和可持续农业发展决策提供指导。

1.4.2 技术路线

本书针对环渤海地区农业生态系统中农田土壤养分投入所引起的土壤碳、氮变化，以及对环境污染造成的潜在影响，根据环渤海地区的气候条件、种植制度、养分投入情况等不同划分为若干类型区域，通过引进DNDC区域模型和GIS技术，对县域尺度土壤碳氮变化进行模拟和空间格局分析，对环渤海地区农田生态系统碳、氮含量及其平衡状况的分析研究，从而为高产粮区农业可持续发展和农田环境保护提供决策依据。本书总体方案与技术路线见图1.1。

1.4.3 主要创新点

（1）通过对环渤海地区农业气候区划图、土壤区划图、土地利用区划图、自然区划图、种植业区划图、化肥区划图、耕作制度区划图进行数字化，建立农田生态系统要素矢量图库，并依据主要划分依据和相应原则，对环渤海不同区域农田地域系统进行分区，并在此基础上引进DNDC模型来分析不同区划秸秆和畜禽粪便还田量的差异性，进而模拟农田土壤氮含量的空间格局，要更贴近研究区域农业生产实际。

（2）构建环渤海地区DNDC要素数据库，将DNDC模型与GIS技术、高分辨

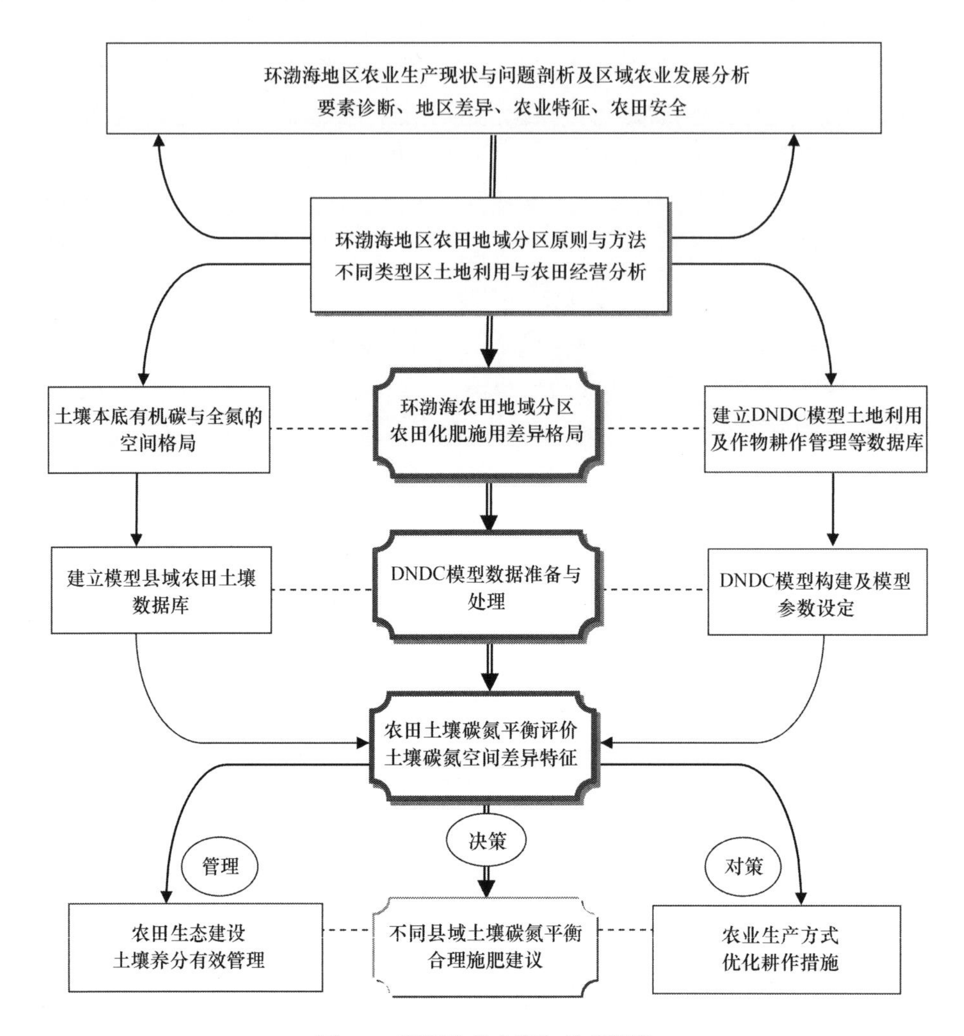

图 1.1 研究总体方案与技术路线

率遥感影像技术相结合，应用 DNDC 模型揭示环渤海不同区域农田土壤有机碳、全氮含量差异性，并结合 GIS 模拟分析县域农田土壤有机碳、全氮含量空间格局，构建区域特定土地覆被条件下不同施肥和秸秆还田情景下农田生态系统土壤有机碳、全氮含量的空间格局，拓展和深化了该领域多源数据的采集与多方法的集成应用研究。

（3）基于农业分区深入探讨不同区域结合典型点位数据库的 DNDC 模型建库方法，并建立空间数据库，研究区域农田土壤生态系统空间优化配置技术路径，形成相对简单易行的区域农田土壤生态安全评价方法。通过环渤海地区县域尺度的农田土壤碳氮平衡评价，以及碳氮分布合理性与农业生态环境适应性的对比分析，深入揭示环渤海不同区域农田土壤施氮合理性和生态系统安全状况，提出农田生态系统安全管护、土壤养分资源管理及耕作模式优化的具体建议。

（4）充分发挥利用 GIS 新技术方法，分析研究地物空间差异性的综合优势，深入研究定量模型构建及预测的关键技术问题，从而丰富农业地理学、农业生态学等理论与方法。同时，针对环渤海地区农业生产的地域特点，提出农田生态系统安全管护与合理施用模式，具有重要的实践价值。

第2章　研究区域及其农业发展

2.1　环渤海地区概况

2.1.1　地理位置与区位条件

环渤海地区又称环渤海经济圈，位于 34°25′～43°26′N，112°43′～125°46′E，狭义上包括京津冀、山东半岛和辽东半岛所形成的经济地带，呈“C”形，是继我国珠江三角洲、长江三角洲之后正在发展壮大的第三大经济区。辖河北、辽宁、山东三省及北京、天津两市，共 42 个地级行政单位，448 个县级行政单位，648 个乡镇（图 2.1）。环渤海地区的陆地面积为 52.2 万 km^2，约占全国陆地总面积的 5.49%，总人口为 2.34 亿，占全国人口总数的 17.68%，其中农业人口数量为 1.14 亿，占该区域总人口数的 48.84%。

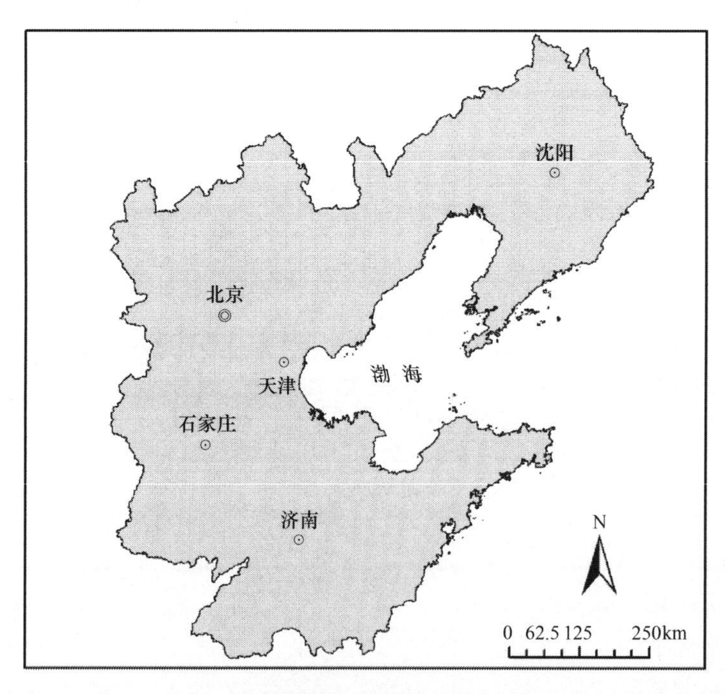

图 2.1　环渤海地区位置与范围示意图

环渤海地区地理位置优越，自北而南依次排列着辽东半岛、京津唐地区、河北东部沿海地区、黄河三角洲及整个山东半岛，形成了优越的海岸线资源，大陆海岸线北起丹东，南至青岛，长达 6054km，对外通过各个港口与世界 160 多个国家和地区有经贸往来，对内以东北、西北、华东部分地区为广阔腹地，因而成为华北、东北各省和西北部分省（区）进入太平洋，走向世界最为便捷的海上门户，也是我国参与东北亚经济技术合作和交流的重要基地。

环渤海地区的交通便利，已形成集高速公路、铁路、航空运输为一体的、较为完善的综合运输体系。随着市场经济体制的不断完善和对外开放重点由南向北逐步推移，区域间的资源互补、经济合作与横向联合为环渤海地区的跨越式发展拓展了十分广阔的空间。辽宁省“五点一线”的沿海经济建设、天津滨海新区开发建设、河北曹妃甸建设、山东沿海经济带的兴趣与发展，将为环渤海地区实现区域经济协调与可持续发展注入了新活力、新动力，对促进该区域经济转型与结构升级，加快新农村建设和城乡一体化发展，具有重要的现实意义。

2.1.2 气候特征

环渤海地区地处我国中纬度地区，属于暖温带半湿润季风气候区，大陆性气候明显，四季分明，春旱多风，夏秋高温多雨，冬季干燥。年日照时数为 2500～2900 小时，年总辐射为 5000～5800MJ/m^2，年平均气温为 8～12.5℃（李春等，2009），年均温≥10℃积温为 2500～4500℃，无霜期为 150～230 天，适宜多种暖温带作物及果树生长；平均年降水量为 560～916mm，呈现自南向北和从东向西递减趋势；降水年际变化大，丰水年降水量是枯水年的 2～3 倍，这对稳定农业生产带来不利影响（陆大道，1995）。降水量的年内分配也不够均匀，年降水量的 60%左右集中在夏季作物生长季节，而秋、冬、春季降水则较为稀少。因此，气候上的春旱、夏涝、秋旱成为影响本地区农业生产的重要自然灾害。

2.1.3 地貌类型与土壤条件

环渤海地区东临渤海，北西南三面为山地、丘陵和高原所环抱，中部为广阔的平原，地貌类型较为复杂，土地类型多样。不同土地类型的自然条件、环境特点及土地特性不同，土地利用适宜性也存在明显差异，这为该地区农林牧渔业的综合发展提供了可能。

环渤海地区土壤类型多样，主要以棕壤、褐土、潮土、盐碱土、草甸土、风沙土、栗钙土为主。受环境条件及各种成土因素变化的综合作用，土壤类型的空间分布、垂直分异及区域组合均表现出一定的规律性。棕壤主要分布在辽东半岛、山东半岛及冀东一带的半干旱半湿润的山地垂直带中，生物资源丰富，土壤肥力较高；经过长期的农业耕作和土壤改良，土壤利用较好，已成为环渤海地区主要的粮、林、油、果、蚕、茶的生产基地。褐土主要分布在太行山燕山山脉的低山丘陵与山麓平原、鲁中南山地丘陵，具有较好的光热条件，一般可以两年三熟或一年两熟，土体深厚，土壤质地适中，广泛适种小麦（绝大部分为冬麦）、玉米、甘薯、花生、棉花、烟草、苹果等粮食和经济作物，主要问题是降水量偏小和降水量过于集中。潮土主要分布在京广线以东、京山线以南的冲积平原和滨海平原，鲁西、鲁北黄泛平原及山地丘陵区的河谷平原与盆地内，山区沟谷低阶地也有零星分布，潮土分布区地势平坦，土层深厚，水热资源较丰富，盛产粮棉，但潮土分布区历史上旱涝盐碱灾害时有发生，大部分属中、低产土壤，作物产量低而不稳，经过多年的盐碱化治理和水利设施建设，农业综合生产能力大幅度提升，加之该区域人口较少，人均耕地多，已发展成为我国重要的粮、棉生产基地。盐碱土主要分布在鲁西、鲁北平原及滨海地带，冀东滨海平原、冲积平原及坝上地区，在黄泛平原常与潮土呈斑状镶嵌，在滨海地带呈带状分布。栗钙土主要分布在冀西北的坝上高原区及辽西南山地丘陵区，由于降水偏少且年际变化幅度大，干旱是其主要的限制因素，加上土地利用中耕种相对粗放，农田建设总体水平较低，土壤退化明显，导致农业生产水平低而不稳。

2.1.4 水文条件

环渤海地区水资源总量偏少，区域多年平均降水量为600mm。近年来在全球暖干化气候变化背景下，降水量呈现减少趋势，北方干旱化明显加剧，区域水资源供需矛盾日趋尖锐。环渤海地区分布有辽东半岛诸河、鸭绿江、浑河-太子河、辽河、饶阳河、辽西沿海诸河、滦河、海河、黄河、小清河、山东半岛诸河等流域，水源为大气降水和季节性冰雪融水，汛期较短，结冰期长，含沙量较大（黄河），水量不大，冬季有凌汛（如黄河下游），径流季节变化大。地表水多年径流量为752.08亿m^3。随着上游地区用水量增加，入境水量呈逐年减少的趋势，而且多为汛期来水。

环渤海地区水资源相对短缺，资源性缺水的问题日益严重。据计算，2004～2008年全区平均自产天然水资源总量为799.73亿m^3，为全国水资源总量（26040.5亿m^3）的3.07%，其中地表净流量为555.41亿m^3，地下水综合补给量432.41亿m^3，重复计算量为188.07亿m^3；人均水资源量不足400m^3，仅占全国人均水资源量的25%。

区域水资源空间分布亦很不平衡。从表 2.1 可以看出，京津冀三省（市）近五年的平均水资源量之和仅为 173.25 亿 m^3，占全区平均水资源总量的 21.66%，而京津冀的人口和耕地面积分别占全区人口和耕地面积的 41.20%和 37.61%，区域人均、耕地亩均水资源量仅为全国平均水平的 9.5%和 13.2%；辽宁、山东两省虽然水资源量总体上相对较丰，但省内的地域差异很大，主要表现为辽中地区（辽河中下游地区）和山东半岛的水资源量明显偏少。除此之外，环渤海地区用水总量为 613.763 亿 m^3（近 5 年平均值），农业用水为 423.11 亿 m^3（68.94%），工业用水和生活用水分别为 83.18 亿 m^3 和 98.15 亿 m^3，生态用水所占的比例很小，区域人均用水量约为全国平均水平的 50%左右。区内有限的水资源同不断增长的工农业发展、城乡居民生活用水增长的矛盾日益尖锐。因此，水资源成为该地区保障农业与农村可持续发展的最大障碍。

表 2.1　2004～2008 年环渤海地区水资源供需状况

省（市、区）	水资源总量/亿 m^3	供水总量/亿 m^3	用水总量/亿 m^3	用水状况/亿 m^3			
				农业	工业	生活	生态
北京	24.92	34.65	34.65	12.15	6.32	14.24	1.93
天津	12.93	22.76	22.96	13.17	4.40	4.68	0.52
河北	135.40	199.84	199.84	148.93	25.45	23.32	2.12
山东	336.09	218.23	218.23	159.47	24.30	31.75	2.72
辽宁	290.39	138.08	138.08	89.39	22.70	24.17	1.81
环渤海地区	799.73	613.57	613.76	423.11	83.18	98.15	9.09

注：资料来源于《中国统计年鉴》（2005 年，2009 年）。

近几十年来，该地区不合理的水资源利用方式和土地开发利用等经济活动，已造成区域地面沉降、海（咸）水入侵、地下水污染等生态环境问题（邢忠信等，2004）。区域内地表水污染也较为严重，黄河区、辽河区、淮河区和海河区水质较差，2007 年符合和优于Ⅲ类水的河长占 47%～28%；海河区、淮河区、辽河区省界断面水质较差，化学需氧量、高锰酸盐指数、氨氮、五日生化需氧量和挥发酚等主要项目超标。京津冀都市圈地下水硝酸盐含量平均值超过世界卫生组织制定的饮用水标准（10mg/L），严重影响农业生产和城乡居民的生活用水质量（赵同科等，2007）。

2.2　区域农业发展

2.2.1　农业用地现状

环渤海地区土地总面积为 52.20 万 km^2，约占全国陆地总面积的 5.49%，土地垦殖率（已开发利用土地面积占到土地总面积的比例）在 84%以上，土地开发利用的程度远高于全国平均水平。环渤海地区土地利用以农用地为主，建设用地的比例偏高。2008 年，全区农用地面积为 3770 万 hm^2，占全区陆地总面积的 72.16%；建设用面积为 641 万 hm^2，占全区土地总面积的 12.28%；未利用地面积为 812 万 hm^2，约占全区土地总面积的 15.56%。

在农用地中，以耕地为主的农业用地结构特征明显，耕地为 1860 万 hm^2，占区域农用地总面积的 49.35%，其中 92.73%为水浇地和旱地；园地面积为 246 万 hm^2，占农用地总面积的 6.54%；林地总面积为 1230 万 hm^2，占区域农用地总面积的 32.39%；牧草地面积为 119 万 hm^2；其他农用地面积为 323 万 hm^2，农村道路、农田水利和田坎的面积较大。建设用地主要是居民工矿用地，面积为 535 万 hm^2，占建设用地的 83.56%，随着社会主义市场经济体制的不断完善和对外开放重点由南向北逐步推移，环渤海地区的区域经济发展和城镇化进程将进一步加快，耕地非农化及其利用非粮化的速度也在加快，因而耕地保护的压力不断增大。未利用地类型主要是荒草地，荒草地面积为 403 万 hm^2，占未利用地的 49.55%。土地后备耕地资源较为匮乏，且开垦利用难度比较大（表 2.2）。

表 2.2　2008 年环渤海地区土地利用结构　（单位：10^3 hm^2）

省（市、区）	小计	农用地				其他农用地
		耕地	园地	林地	牧草地	
北京	1096.31	231.83	120.06	687.26	2.04	55.11
天津	693.03	441.09	35.49	36.12	0.61	179.71
河北	13082.73	6317.09	704.94	4419.98	800.95	839.77
辽宁	11227.92	4085.08	596.38	5698.65	348.52	499.29
山东	11563.81	7510.76	1007.80	1357.27	33.99	1654.00
环渤海地区	37663.80	18585.86	2464.67	12199.28	1186.11	3227.89

省（市、区）	小计	建设用地			未利用地		总面积
		居民点及工矿	交通运输用地	水利设施用地	小计	荒草地	
北京	337.20	278.41	32.48	26.31	207.54	137.33	1641.05
天津	367.10	280.19	22.00	64.91	131.61	19.33	1191.73
河北	1791.03	1541.87	120.22	128.94	3969.63	2311.11	18843.39
辽宁	1397.65	1157.92	91.64	148.09	2180.81	1072.05	14806.37
山东	2508.60	2090.64	162.45	255.51	1640.22	488.71	15712.63
环渤海地区	6401.58	5349.03	428.79	623.75	8129.80	4028.52	52195.17

2.2.2　农业生产状况

环渤海地区的农耕历史悠久，是我国原始农业发展最早的地区之一，也是我国重要的农业生产与商品粮食基地。华北、辽河平原主要生产小麦、玉米、大豆、棉花、水稻等农作物，辽东、胶东、辽西丘陵主要生产花生和温带水果。该地区的耕地资源集中分布、质量较优，因而农业综合生产能力较高。2008 年，全区耕地（1860 万 hm^2）占全国耕地总面积的 15.27%，却生产了占全国 28.75%的小麦、28.27%的玉米、24.89%的棉花和 36.72%的花生，是全国粮、棉、油生产大县分布比较集中的地区之一。2008 年，全区农作物播种面积为 2400 万 hm^2，其中粮食作物播种面积 1670 万 hm^2，占农作物总播种面积的 69.57%，粮食总产量 9300 万 t，以玉米、小麦和水稻为主；经济作物（油料、棉花、麻类、甜菜、烟叶）播种面积以山东、河北两省为主，两省共有 297 万 hm^2，约占全区农作物总播种面积的 12.39%。蔬菜、油料、水果、肉类和水产品的产量均有大幅度提高，尤其是 1992 年以来增长速度明显加快，这与城乡居民的消费需求变化趋势相一致。例如，河北实行了“稳定粮食、提高苹果、做强畜牧、建设现代农业”的农业结构调整战略，促使畜牧、蔬菜、果品等三大支柱产业的产业化经营水平得到了明显提高，较好地满足了城乡居民对食物消费结构变化的需求。

农业生产总值持续增长，2008 年为 12167.15 亿元，占全国农业总产值的 20.98%。其中种植业总产值为 5809.13 亿元，占全区农业总产值的 47.74%。随着该地区农业结构战略性调整的逐步推进，以传统农业为特色、以种植业为主体的区域农业生产结构有所改观，种植业产值占农业总产值的比例降到 50%左右，畜牧业比例提升到 35%以上，总体上林渔业不够发达（表 2.3）。当然，从区域横向比较来看，尽管环渤海地区的粮经作物种植结构比为 70∶30（2008 年），但仍与长江三角洲、珠江三角洲地区的粮经结构比有着较大差距。

表 2.3　2008 年农业总产值构成表　（单位：%）

区域	种植业	林业	牧业	渔业	服务业	粮经比例
北京	42.15	6.74	46.24	3.22	1.65	70∶30
天津	47.62	0.83	32.09	16.34	3.12	66∶34
河北	50.23	1.59	40.25	2.93	4.99	71∶28
辽宁	36.21	2.80	42.49	15.12	3.38	82∶18
山东	51.59	1.82	30.37	12.23	3.99	65∶35
环渤海地区	47.74	2.06	36.12	10.00	4.08	70∶30
长江三角洲地区	47.73	3.20	24.84	20.01	4.21	65∶35
广东	44.93	2.41	29.35	19.79	3.53	57∶43
全国	48.35	3.71	35.49	8.97	3.48	68∶32

现代城郊型农业迅速发展。由于本区内大城市多、消费人群集中，特别是北京、天津、沈阳、大连、济南、青岛、石家庄等城市集中分布在环渤海周围地区，

形成了相对密集的城市群。近些年来，环渤海地区凭借其区位优势和经济优势，进一步加大科技投入，充分利用市场机制来优化配置资源，大力发展都市型、多功能农业，尤其是农业园区化与现代设施农业建设取得了显著成效（刘彦随和陆大道，2003）。农业逐步由数量型向质量型、效益型转变，设施农业、精品农业、都市农业、观光休闲农业等现代农业的兴起，成为该地区农业转型发展的显著标志。据《中国第二次全国农业普查资料综合提要》，京津冀都市圈的温室种植面积为 1.59 万 hm^2，大棚面积 5.99 万 hm^2，分别占全国的 19.65%和 12.87%，设施农业建设成就远高于全国其他地区。北京依据郊区资源特点和市场特点，大力发展增值率高、科技含量高、适应大城市市场的现代农业，使郊区农业产业结构调整取得突破性进展（刘玉等，2010）。2007 年，北京市拥有农业观光园 1230 个，民俗旅游村 630 个，实际经济收入达到 14.1 亿元。

2.2.3 种植制度分析

种植制度是指一个地区或生产单位作物种植的结构、配置、熟制与种植方式的总称，是耕作制度的主体作物的结构、熟制和配置泛称作物布局，是种植制度的基础，它决定着作物种植的种类、比例、一个地区或田间内的安排、一年中种植的次数和先后顺序；种植方式包括轮作、连作、间作、套作、混作和单作等。一个合理的种植制度应有利于土地、劳动力等资源的最有效利用和取得当地条件下农作物生产最佳的社会效益与经济效益，有利于协调种植业内部各种作物，如粮食作物、经济作物与饲料作物之间、自给性作物与商品性作物之间、夏收作物与秋收作物之间、用地作物与养地作物之间等的关系，促进种植业，以及畜牧业、林业、渔业、农村工副业等的全面发展。由于耕地所处的地理位置、地形、气候、水资源、土壤等自然条件的不同，耕地自然质量具有明显的区域差异性，社会经济发展水平和土地利用管理水平也存在着区域差异性。根据环渤海地区各省（市）的气候特征、地形地貌、种植区划等特点，在原国土资源部颁发的《农用地分等定级规程》“全国耕作制度分区”一章中，将环渤海地区划为辽宁平原丘陵区一年一熟区、燕山太行山山前平原区一年两熟区、冀鲁豫低洼平原区一年两熟区、山东丘陵区一年两熟区、黄淮平原一年两熟区、辽吉西蒙东南冀北山地一年两熟区、后山坝上高原区一年一熟区即黄淮海区与内蒙古高原及长城沿线一年一熟区（表 2.4）。

近些年来，随着气候变暖，植物生长所需的有效积温逐年增加，生育期短的作物新品种的培育，一年两熟区和两年三熟区的种植北界逐渐北移；农业机械化

表 2.4　环渤海地区各区气候特点及标准耕作制度表

区名	气候特点					标准耕作制度	
	温度/℃				降水量/mm	作物组成	复种类型
	$\overline{T}$	$\overline{T}_1$	$\overline{T}_7$	$\sum t>10$			
辽宁平原丘陵区	5.0~9.0	−7.0~−16.0	23.0~24.5	3000~3600	500~870	玉米	一年一熟
燕山太行山山前平原区	10.0~14.0	−7.0~−2.0	25.0~27.0	3900~4500	500~700	小麦-玉米、小麦/棉花	一年两熟
冀鲁豫低洼平原区	11.0~13.0	−5.0~−3.0	26.0~27.0	4100~4600	500~650	小麦-玉米、小麦/棉花	一年两熟
山东丘陵区	11.0~14.0	−1.0~−4.0	25.0~27.0	3600~4500	650~800	小麦-玉米、小麦-花生	一年两熟
黄淮平原区	14.0~15.0	−2.0~1.0	27.0~28.0	4500~4800	650~950	小麦-水稻、小麦-玉米、小麦/棉花	一年两熟
辽吉西蒙东南冀北山地区	5.0~9.0	−10.0~−14.0	22.0~24.0	2800~3600	360~550	玉米、谷子	一年一熟
后山坝上高原区	2.0~5.0	−12.0~−18.0	18.0~20.0	1500~2500	300~450	春小麦、马铃薯	一年一熟

的推广节约作物收获时间，冀中平原区的套种面积逐渐减少。在轮作方面，一年两作以冬小麦-夏玉米为主，还有麦田套种棉花、花生，或夏播甘薯、谷子、高粱、秋菜等。一年一作方式变化不大。两年三作除原有轮作内容外，还有春播棉花-冬小麦-套种夏棉等。复种指数随种植制度改变而相应提高。

环渤海地区是全国重要的粮食产区，不同作物的区域分布特征明显。主要粮食作物有小麦和杂粮。小麦分布大致以长城为界，以南为冬小麦，以北为春小麦。玉米在本区粮食作物中仅次于小麦，主要分布在本区的东部和南部。谷子和高粱在河北、北京山区和辽西地区种植较多。高粱主要分布在渤海沿岸和海河平原、辽河平原低洼地区。甘薯以冀中南和辽中最为集中。马铃薯主要分布在河北坝上。水稻主要分布在辽河下游、海河下游、山东南四湖滨湖地区、沂沭河两岸、黄河沿岸及胶莱河谷地带。棉花是本区最重要的经济作物，播种面积约占全区经济作物播种面积的一半左右，约占全国棉田面积的 20%；环渤海地区是我国油料作物重要产区之一，主要有花生、胡麻、芝麻、油菜等，其中以花生最重要。花生主要分布在山东、河北两省，播种面积和产量占全国 35%左右。山东省种植花生相当普遍，以烟台、临沂、昌潍等地区最为集中，泰安、济宁地区种植也较多，河北省冀东唐山地区、冀中南沙土地带是花生的集中产区。油菜以山东、河北低平地区最为普遍。

2.2.4　农业要素投入

改革开放以来，环渤海地区的区域经济实力的增强和科技水平不断提高，农田基本建设与农业投入逐年增加，农业生产条件得到明显改善。第二次农业普查数据表明，环渤海地区农村常住劳动力为 1.07 亿人，约占全国农村劳动力的 20.23%，初中及初中以上教育程度的劳动力占区域农村总劳动力的 64.5%，高于全国平均水平；农业从业人员为 6361.73 万人，占全国农业从业人员总数的 18.49%，其中住户农业从业人员 6355.95 万人，单位农业从业人员 85.12 万人；其中，农作物种植业从业人员约占 94%，林牧渔及服务业从业人员较少。农业技术人员 29.23 万，占全国农业技术人员总数的 13.99%，但中高级农业技术人员严重不足（表 2.5）。

由表 2.6 可见，环渤海地区化肥投入量为 957.01 万 t，耕地平均化肥投入量为 515kg/hm^2，远高于全国 430kg/hm^2 的平均水平；近些年来，环渤海地区重视农业机械发展和建设力度较大，加之粮棉油主产区大多处于平原地区，地势相对平坦，具备采用和推广农业机械的基础条件，2008 年全区农用机械总动力为 22781.71 亿 kW，

表 2.5　环渤海地区农业技术人员数量

地区	村内/人				农业生产经营单位/人				合计/人
	小计	初级	中级	高级	小计	初级	中级	高级	
北京	13382	11766	1478	138	8907	4960	3017	930	22289
天津	23508	21619	1633	256	3138	1539	1091	508	26646
河北	22003	14991	6132	880	20826	9755	7344	3727	42829
辽宁	39095	31360	6630	1105	33999	18961	12145	2896	73094
山东	73651	55736	14547	3368	53797	31898	17152	4749	127448
环渤海地区	171639	135472	30420	5747	120667	67113	40749	12810	292306
全国	1151170	946761	172711	31698	938168	556158	295179	86856	2089338
占全国比例/%	14.91	14.31	17.61	18.13	12.86	12.07	13.80	14.75	13.99

注：资料来源于《中国第二次全国农业普查资料综合提要》(2008 年)。

地均投入量 12.3kW/hm^2，是全国地均机械总动力投入的 1.8 倍，其中农用大中型拖拉机 6.38 万台，小型拖拉机 378.62 万台，表明全区农业机械总动力的发展态势较好，农业机械化率高于全国平均水平；农村用电量 1188.73 亿 kW·h，占全国农村总用电量的 20.81%；到 2008 年，环渤海地区耕地有效灌溉面积为 1150 万 hm^2，旱涝保收面积为 859 万 hm^2，机电排灌面积为 1098 万 hm^2，分别占全区实有耕地面积的 61.9%、46.2%和 59.07%；同时，农业防灾、减灾能力不断增强。

2.3　土地利用变化

2.3.1　数据来源及处理

本书中环渤海地区主要指环渤海的核心区，主要包括北京、天津及河北、辽宁、山东三省部分地区，下辖 2 个直辖市、24 个地级市、150 个县级行政单位，土地面积为 23.55 万 hm^2，总人口 1.13 亿人。研究区的主要数据源为 1985 年、1995 年和 2005 年三期 Landsat TM 数据，来源于中国科学院资源环境数据中心和中国科学院遥感应用研究所。基于遥感影像数据解译产出了 1∶10 万环渤海地区 1985 年、2005 年土地利用现状，以及 1985～1995 年、1995～2005 年两个时段土地利用变化图。

具体处理过程是在 ArcGIS9.0 系统软件支持下，应用 Spatial Analysis 模块将三期土地利用矢量数据，通过 convert 分别转换成栅格数据（格网单位为 100m），生成三期土地利用栅格图；再利用 reclassify 模块将土地利用类型转换成一级地类，并应用 raster calculator 建立转移矩阵（Long et al.，2009）；最后，结合土地利用

表 2.6　环渤海地区农业生产条件及主要物资投入

地区	耕地面积/万 hm^2				农村用电量/（亿 kW·h）	农用机械总动力/亿 kW	化肥施用量/万 t	农药使用量/万 t	农用塑料/t	地膜覆盖面积/万 hm^2
	总面积	有效灌溉	旱涝保收	机电排灌						
北京	23.169	24.166	19.520	25.250	42.74	267.05	13.63	0.39	1.42	2.220
天津	44.109	34.806	23.460	38.680	45.79	596.60	25.88	0.38	1.13	10.050
河北	631.730	455.924	354.870	447.470	418.90	9525.38	312.40	8.51	11.65	109.750
辽宁	408.528	149.293	106.780	139.120	281.29	2042.68	128.77	5.25	10.99	24.940
山东	751.531	485.748	354.740	447.680	400.01	10350.00	476.33	17.35	32.13	260.760
环渤海地区	1859.066	1149.937	859.370	1098.200	1188.73	22781.71	957.01	31.88	57.32	407.720
全国	12171.589	5847.168	4202.490	3927.750	5713.15	82190.41	5239.02	167.23	200.69	1530.810
占全国比例/%	1.527	1.967	2.045	2.796	20.81	27.72	18.27	19.06	28.56	2.663

变化定量分析模型和方法，利用土地利用现状及其变化数据，开展环渤海地区土地利用变化时空格局的分析研究。

2.3.2　分类与研究方法

1. 土地利用/覆盖分类

在土地资源的遥感宏观调查中，采用二级分类系统。通过对环渤海地区土地利用栅格图解译得到一级土地利用类型有六个，分别是耕地、林地、草地、水域、城乡工矿居民用地、未利用土地；一级分类进一步又分成 22 个二级地类，主要有：水田、旱地；有林地、灌木林、疏林地、其他林地；高覆盖度草地、中覆盖度草地、低覆盖度草地；河渠、湖泊、水库坑塘、滩涂、滩地；城镇用地、农村居民点、其他建设用地；沙地、盐碱地、沼泽地、裸土地、裸岩石砾地等。其中水田、旱地细分到三级类：山地水田、丘陵水田、平原水田、丘陵旱地、平原旱地、陡坡旱地。

在利用地理信息系统软件，对不同时期遥感解译图形数据进行相关的空间叠置与分析过程中，采用了土地利用二级分类系统。对土地利用变化分析结果进行统计与处理时，考虑到采用二级分类系统的数据过于庞杂，故原则上采用分类系统中的一级类型。为了明确区分建设用地的内部变化，在研究土地利用转移变化时，将城乡工矿居民用地细化到二级类型，即包括了城镇用地、农村居民点、其他建设用地三个二级类型。

2. 定量模型方法

利用研究区三期遥感解译图，进行分别叠加处理，形成 1985～1995 年、1995～2005 年土地利用变化图及其土地利用类型转移矩阵（$\boldsymbol{A}$），采用式（2.1）、式（2.2）分别计算一定时期的土地利用变化动态度和土地类型转移变化百分比。

$$C_i = \frac{p_{\mathrm{ci}} - p_{\mathrm{ri}}}{p_{\mathrm{ri}}} \times \frac{1}{t} \times 100 \tag{2.1}$$

式中，C_i 为土地利用变化动态度；p_{ci} 为类型 i 栅格列数值；p_{ri} 为类型 i 栅格行数值；t 为研究时段长，当 t 时段设定为年时，C_i 值就是第 i 种土地利用类型的年变化率。

$$\begin{cases} P_{\mathrm{loss}(i),j} = (p_{i,j} - p_{j,i}) / (p_{\mathrm{ci}} - p_{\mathrm{ri}}) \times 100 \\ P_{\mathrm{gain}(i),j} = (p_{j,i} - p_{i,j}) / (p_{\mathrm{ci}} - p_{\mathrm{ri}}) \times 100 \end{cases} \quad i \neq j \tag{2.2}$$

式中，$P_{\mathrm{loss}(i),j}$ 为类型 j 转移减少占 i 行流失量的百分比；$P_{\mathrm{gain}(i),j}$ 为类型 j 转移增加占 i 行增加量的百分比；$p_{i,j}$ 和 $p_{j,i}$ 为矩阵 $\boldsymbol{A}$ 各个类型的变化量。

2.3.3 土地利用变化时空格局分析

1. 土地利用变化的总体特征

1985～2005 年的 20 年间，环渤海地区的土地利用/覆盖变化在数量与空间分布上都是十分明显的（图 2.2，详见文后彩图 2.2），尤其是以京津建成区扩展，冀东、辽南与胶东沿海地区城乡工矿用地增加，以及沿海地区耕地、水域和未利用地相应减少的趋势最为明显。

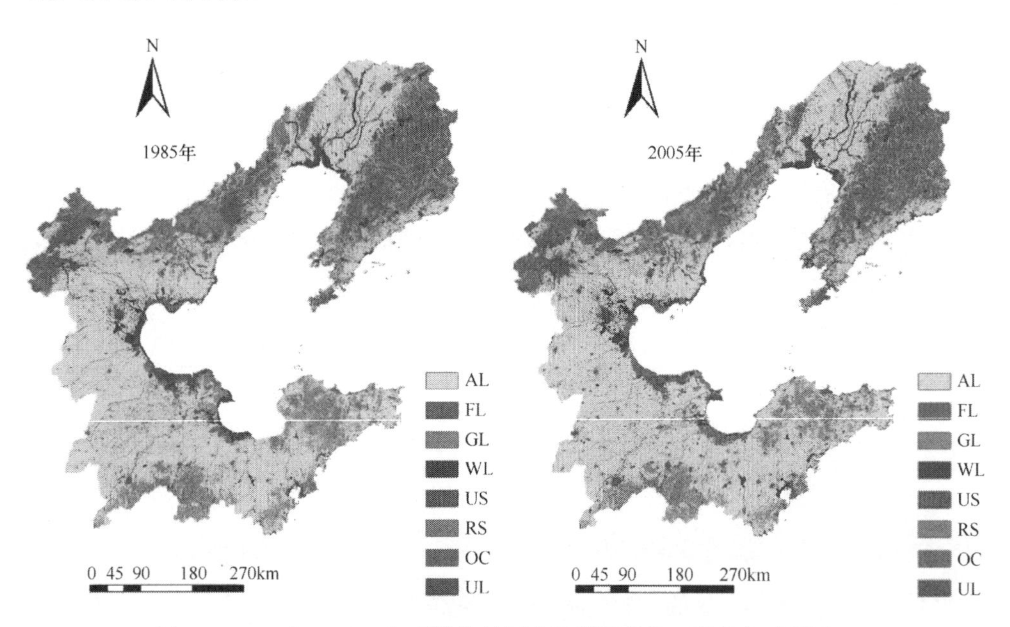

图 2.2 1985 年、2005 年环渤海地区土地利用现状（详见文后彩图）

AL. 耕地；FL. 林地；GL. 草地；WL. 水域面积（湖泊、河流、人工湖和池塘）；US. 城市社区；RS. 农村居民点；OC. 其他建设用地；UL. 未利用土地，下同

由表 2.7 可见，环渤海地区土地利用类型主要以耕地和林地为主，二者占土地利用类型总面积的 75%以上。1985 年城乡工矿居民用地（包括城镇建设、农村居民点和其他建设用地）占总土地面积的 10.48%，而农村居民点又占其中的 65.71%，占总土地利用面积的 6.89%，到 2005 年城乡工矿居民用地占土地总面积 13.22%，增加了 2.74%。1985～2005 年，草地、林地和未利用地面积减少，城镇居民建设用地和水域面积增加。城乡工矿居民建设用地增加 643946hm^2，其中城镇建设、农

村居民点和其他建设用地都表现为增长，年均增长率分别为 3.72%、0.57%和 1.82%。近 20 年来，农村居民点用地面积并未随着农村人口非农化转移而减少，相反增加了 184869hm^2，充分反映了该地区农村居民点用地存在严重浪费和低效利用的现象（Liu et al.，2008）。

表 2.7　1985～2005 年环渤海地区土地利用分类面积及动态变化

土地利用类型	1985 年		2005 年		1985～2005 年年变化率/%
	面积/hm^2	比例/%	面积/hm^2	比例/%	
AL	13204998	56.08	13142592	55.81	–0.02
FL	4967228	21.10	4850841	20.60	–0.12
GL	1439849	6.11	1058895	4.50	–1.32
WL	1001374	4.25	1074619	4.56	0.37
US	396430	1.68	691383	2.94	3.72
RS	1622366	6.89	1807235	7.68	0.57
OC	449850	1.91	613974	2.61	1.82
UL	464811	1.97	307367	1.31	–1.69

土地利用动态度可定量描述区域土地利用变化速度，它对比较土地利用变化的区域差异和预测未来土地利用变化趋势都具有独特的作用。土地利用动态反映了人类对土地利用类型的干扰程度，干扰度越大，土地利用动态变化就越剧烈。本书以单一土地利用动态度来表达环渤海地区土地利用类型数量变化的情况，表示为年变化率。20 年来，城镇用地年增长变化率最大，达到 3.72%，其次是其他建设用地的变化，年变化率为 1.82%；未利用地年减少变化率最大，达到–1.69%。林地和草地均呈现减少变化，年变化率分别为–0.12%和–1.32%。耕地占土地总面积的比例呈下降趋势，耕地动态度变化不大，并不表明耕地的变化面积也不大，这与耕地初始面积较大有直接关系。

通过对 1985～2005 年转移矩阵分析表明，环渤海地区土地利用格局发生了明显变化（表 2.8）。耕地、林地、草地、水域、建设用地和未利用地六种土地利用类型都发生了明显的转移，尤以耕地向农村居民点转移最为突出，占其总转出的 34.6%。耕地向其他地类的转移量较大，主要转向林地、城镇建设用地和水域，分别占其总转出的 21.2%、16.4%和 13.4%，而流向农村居民点的地类面积中 81.3%来自耕地。耕地的变化以旱地为主，其对城乡工矿建设用地增长的贡献最大，达到 57.8%；城镇建设用地和水域从总量上呈增加态势，城镇建设用地面积的增加幅度最大，20 年间增加了 294953hm^2，占城乡工矿建设用地增加总量的 45.8%，农村居民点用地增加占到增加总量的 28.7%。由此可见，人口压力、追求经济效益及经济建设的发展是引起建设用地增加的主要原因。

表 2.8 1985～2005 年环渤海地区土地利用转移矩阵（单位：hm^2）

1985 年土地利用类型	2005 年土地利用类型								合计
	AL	FL	GL	WL	US	RS	OC	UL	
AL	11789528	299499	79954	189388	232722	489503	95688	28716	13204998
FL	422105	4350716	95234	24508	14567	43602	12926	3570	4967228
GL	337494	158819	850557	36700	6106	15234	22538	12401	1439849
WL	125393	18155	17506	706796	10004	9983	85825	27712	1001374
US	13373	1294	859	1670	350479	24018	4694	43	396430
RS	316690	17152	5089	7437	59903	1205426	6566	4103	1622366
OC	20079	2411	2119	80898	14775	10176	317189	2203	449850
UL	117930	2795	7577	27222	2827	9293	68548	228619	464811
合计	13142592	4850841	1058895	1074619	691383	1807235	613974	307367	23546906

林地面积的减少主要流向耕地和草地，林地向耕地的转移量为 422105hm^2，占其转移减少量的 68.5%。林地转向草地面积为 95234hm^2，主要体现在疏林地向中覆盖度草地的变化；草地的减少主要流向耕地和林地，占到其减少总量的 84.2%，其中对耕地的贡献达到 57.3%，主要是中覆盖度草地向旱地转移。

未利用地面积的减少主要向耕地、水域和其他建设用地转移，合计占其减少总量的 90.5%。从土地利用的二级分类来分析，未利用地的减少主要转向水田和其他建设用地，占到其减少总量的 70.7%。

2. 土地利用类型的阶段性波动变化

基于环渤海地区 1985 年、1995 年和 2005 年的土地利用遥感解译数据，进一步计算得出前一时段（1985～1995 年）和后一时段（1995～2005 年）各种用地类型的阶段性变化特征（图 2.3）。

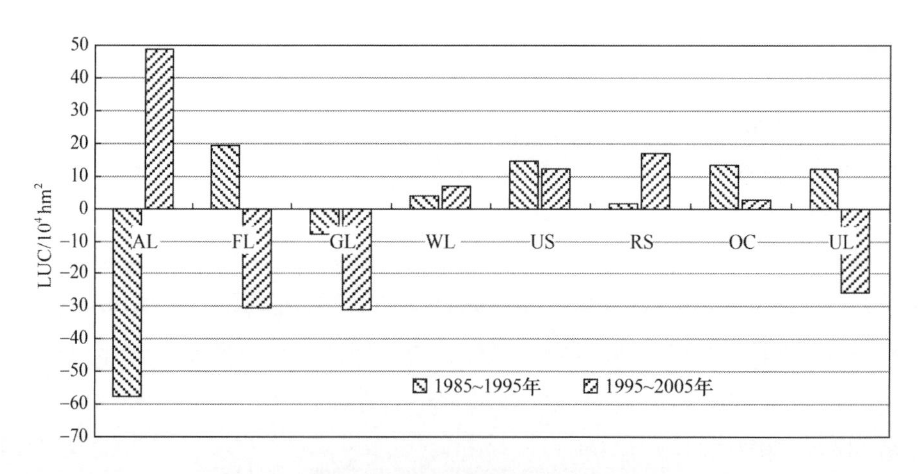

图 2.3 环渤海地区土地利用变化的阶段性特征

通过分析两个时段土地利用类型的总量变化，可以揭示土地利用在不同时段的总体变化态势和土地利用结构的变化。从前后两期土地利用变化趋势来看，呈现出明显的波动性，耕地、林地和未利用土地变化呈相反态势。耕地的前后两期变化的反差最大，前期耕地面积减少 573735hm^2，后期耕地面积增加 486447hm^2；林地变化也出现相反态势，与耕地变化趋势所不同的是：前期林地面积增加，后期面积减少。前一时段林地面积增加 194131hm^2，后一时段则减少 303054hm^2；未利用地变化趋势与林地相同，前期增加 120747hm^2，后期则减少 258751hm^2；草地面积呈减少趋势，前期与后期分别减少 76732hm^2、311635hm^2；水域和城乡工矿建设用地的变化都呈现增加态势，城镇建设和其他建设用地在前期增加较明显，而农村居民点建设用地增长在后期表现尤为突出，共增加了 168424hm^2。

3. 土地利用类型的阶段性转移变化

1）1985～1995 年土地利用类型转移变化

表 2.9 是 1985～1995 年土地利用类型转移矩阵。从中可以看出，耕地面积大规模减少，表现为耕地向其他各种地类都有较大的转移变化，其中以退耕还林、耕地撂荒、农村居民点建设占用为主；林地面积明显增加，主要来源于耕地和草地向林地的转移；草地转出 3968644hm^2，主要是草地向林地、耕地的转移。

表 2.9　1985～1995 年环渤海地区土地利用类型转移矩阵（单位：hm^2）

1985 年土地利用类型	1995 年土地利用类型								合计
	AL	FL	GL	WL	US	RS	OC	UL	
AL	12166362	271845	136283	122684	118110	167532	58830	163352	13204998
FL	184896	4591927	165601	5639	4498	5929	5841	2897	4967228
GL	67978	264746	1042985	15132	2341	3256	12299	31112	1439849
WL	53377	10342	11126	814110	2830	2104	80804	26681	1001374
US	16358	2509	2007	2307	360415	7332	4857	645	396430
RS	79097	7650	2855	3635	70715	1444517	8365	5532	1622366
OC	18425	2968	3130	12934	12040	7069	386298	6986	449850
UL	69652	1908	6543	29090	76	1072	27557	328913	464811
合计	12656145	5153895	1370530	1005531	571025	1638811	584851	566118	23546906

从二级类型的变化来看，主要是高覆盖度草地面积明显减少所致；林地面积的增加主要以耕地和草地的转移为主，占到其总转入量的 95.5%；水域转入 191421hm^2，主要以耕地中旱地的贡献为主，这与农民利用耕地挖塘养殖有直接的关系；城乡工矿建设用地面积转入 603457hm^2，主要表现为农村居民点建设和城镇建设用地扩张以占用耕地为主；未利用地面积转入 237205hm^2，主要来源于旱地向

沙地、盐碱地的转移，以及滩涂向盐碱地和其他未利用地的转移。

2）1995～2005 年土地利用类型转移变化

表 2.10 是 1995～2005 年土地利用类型转移矩阵。从中可以看出：耕地面积转移呈现出“大进大出”的状态，耕地的总转入量为 1879915hm²，而总转出量为 1393468hm²。耕地面积增加主要来自林地、草地的开垦、农村居民点整治，以及未利用地的开发，对耕地面积增长的贡献分别为 30.5%、22.0%、21.0%和 12.9%；林地面积减少主要流向耕地和草地，表现为其他林地向耕地、草地的快速转移态势；草地面积有所增加，主要来自林地和未利用地的开发。

表 2.10　1995～2005 年环渤海地区土地利用类型转移矩阵（单位：hm²）

1995 年土地利用类型	2005 年土地利用类型								合计
	AL	FL	GL	WL	US	RS	OC	UL	
AL	11262677	363894	98830	176203	144365	472642	78236	59298	12656145
FL	573303	4175023	288832	30090	16260	52573	13610	4204	5153895
GL	413964	258709	619844	29046	6418	16819	15825	9905	1370530
WL	170644	20132	20729	683256	12795	14210	42158	41607	1005531
US	41022	3798	826	2803	441122	71788	9625	41	571025
RS	394330	20720	7921	9631	47240	1145867	11189	1913	1638811
OC	44124	5935	9794	95866	18214	19776	390180	962	584851
UL	242528	2630	12119	47724	4969	13560	53151	189437	566118
合计	13142592	4850841	1058895	1074619	691383	1807235	613974	307367	23546906

在前后两个时段的变化中，耕地与林地、草地与林地表现出明显的互动变化态势；在后一阶段，城乡工矿建设用地变化主要以内部结构调整为主，其中农村居民点的转入面积占到建设用地总转入量的 58.2%，主要表现为城镇用地和农村居民点用地在空间上的相互转换。城镇用地转为农村居民点用地，与 2000 年以来实行乡镇撤并有关，农村居民点用地转为城镇用地主要是城镇近郊区农村城镇化发展的结果；未利用地主要流向耕地、水域、草地和城乡工矿建设用地。

4. 土地利用类型变化的空间分异特征

通过对环渤海地区 1985 年和 2005 年两期土地利用图进行叠加分析，获得 20 年间土地利用变化的空间分异特征。近 20 年来，环渤海地区土地利用的空间格局的变化主要体现在耕地的波动减少和各类建设用地的增加。建设用地的增加在空间上来看，环渤海地区的三省二市都有所增加，但是不同省（市）间的空间差异十分明显。主要集中在四个区域：一是北京市市辖区及其周边区县；二是河北东部沿海区域；三是山东东部沿海市县；四是辽宁南部一点和东部沿海一线。河北东部沿海区域集中在沧州市的黄骅市及其海兴县；山东东部沿海在东营市及滨州市（无棣县和沾化县）。辽宁南部主要在大连市市辖区，沈（阳）大（连）沿线的鞍山、海城和营口市城市发展轴线。

耕地面积的减少从空间分布上较为零散。耕地向建设用地的转移，主要发生在北京市市辖区、河北沧州的黄骅市，在山东、河北的大部分地区和辽宁省大连、营口及其东北部市县一带。通过对比耕地对建设用地 75%的贡献率在空间上基本吻合。城市中心区及周围沿海区域建设用地的增长程度明显高于距其较远的行政区，而且经济水平越高，建设用地扩展和对耕地的占用现象也就越明显，二者在空间上存在明显的相关性，从而也体现了建设用地扩展的主要来源是对耕地的占用，主要是由在大中城市用于城镇居民用地的扩张和沿海城市追求经济的发展用于其他建设用地的增长所导致。由于大城市城区面积大，城市建设快速发展，使城乡接合部的大量耕地发生转化（刘彦随等，2005；刘盛和等，2000）。北京作为环渤海地区土地利用变化的重点与热点地区，其土地利用结构变化要明显快于其他地区。

第 3 章　农田化肥施用评价

3.1　区域农田化肥投入量的变化

3.1.1　化肥总用量变化

环渤海地区化肥使用量总体上呈现波动性增长的趋势（图 3.1)。化肥总用量变化的阶段性特点是：化肥总用量由 1989 年的 456.11 万 t 增加到 2008 年的 957.01 万 t，增加了 109.8%。进一步根据区域化肥总量的波动特征，将化肥总用量的变化划分为 3 个阶段：①1989～1996 年，为快速增长阶段，化肥总用量增加了 319.79 万 t，年均增长 45.68 万 t；②1997～2003 年，为缓慢增长阶段，化肥总用量由 1997 年的 796.4 万 t 增长到 2003 年的 860.70 万 t，年均增长仅 10.72 万 t，增长变化不明显；③2003～2007 年，化肥使用量进入快速增长阶段。从施肥品种看，氮肥施用量从 1995 年超过 400 万 t 后，呈现波动式的增长，截止到 2008 年，氮肥施用量与 1995 年持平。磷肥、钾肥和复合肥施用量均呈现为增加趋势，但钾肥和复合肥的增加趋势非常明显。磷肥变化幅度较小，1993 年以来，基本在 106 万～124 万 t 波动；复合肥的增长量最大，即由 1989 年的 73.30 万 t 增长到 2016 年的 415.30 万 t，增长了 880%，占 1989～2008 年环渤海地区化肥总增长量的 53.6%。

从区域分布来看（图 3.2)，山东省的化肥使用量显著高于其他省（市)，约占环渤海地区化肥总用量的 50%，且除个别年份外（1993 年、2003 年和 2008 年)，化肥用量一直处于增长态势；河北省的化肥用量次之，其变化趋势与环渤海地区整体变化趋势基本一致；辽宁省的化肥使用量增长比较缓慢，增长率低于全区平均水平，所占比例由 1989 年的 16.3%下降到 2008 年的 13.5%；天津的化肥用量比较低，但一直处于快速增长阶段，增长率高于全区平均水平；北京市由于快速的耕地非农化，耕地面积持续快速减少，化肥施用量自 1997 年达到最高水平 19.7 万 t 后，处于不断下降状态。

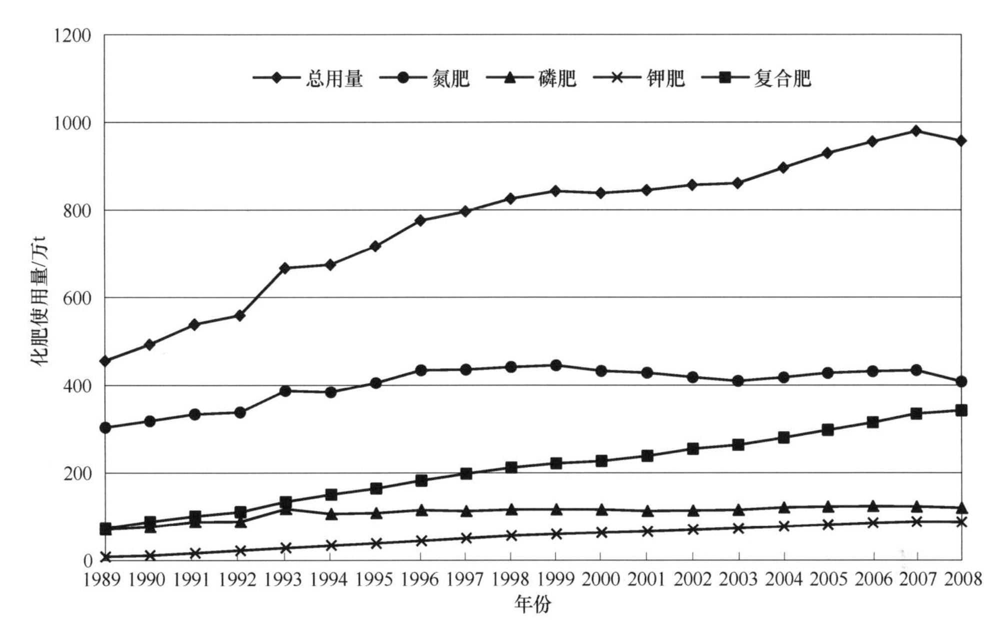

图 3.1　1989 年以来环渤海地区化肥使用量结构特征

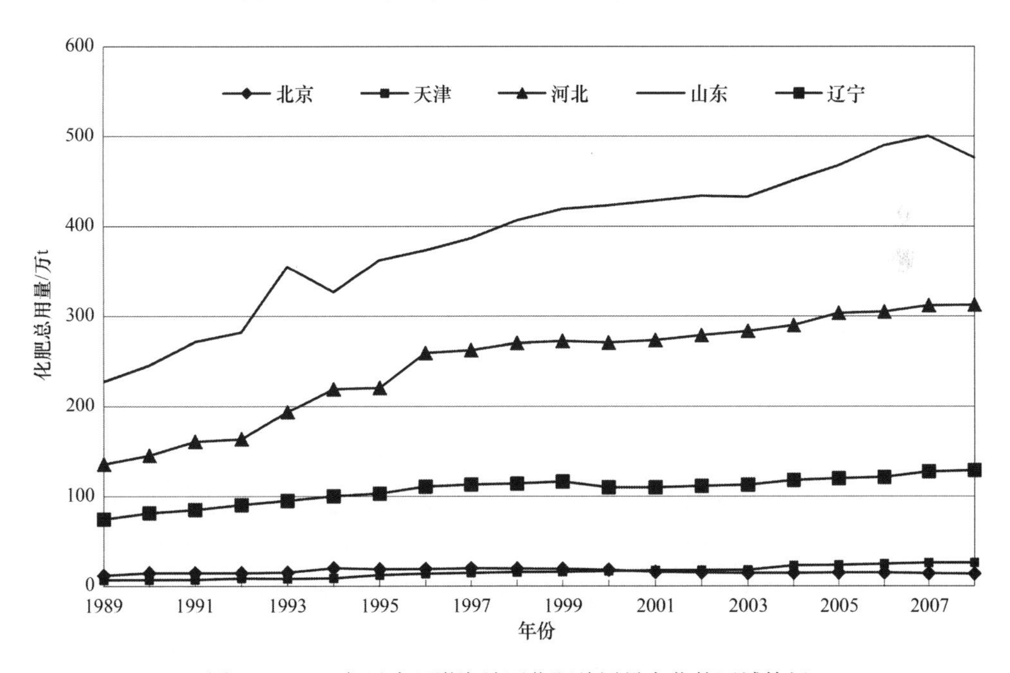

图 3.2　1989 年以来环渤海地区化肥总用量变化的区域特征

在化肥施用总量快速增长的同时，环渤海地区的化肥施用结构也发生了显著变化（表 3.1）。总体来说，近 20 年环渤海地区的化肥使用结构发生了变化，氮肥所占比例快速下降，复合肥所占比例快速上升。氮、磷、钾、复合肥用量的结构比由1989年的66.5∶15.6∶1.8∶16.1变化为2008年的42.7∶12.5∶9.1∶35.7，化肥使用结构向均衡化方向发展。从区域分布来看，在1989年，北京、辽宁和天津的氮肥使用比例均高于70%，显著高于河北和山东的氮肥使用比例，到2008年，山东省的氮肥比例下降至35.8%，北京、天津、河北和辽宁的氮肥比例则下降至50%左右。在1989年，北京、天津和山东的复合肥的使用比例较高，在18%左右，而辽宁和河北的比例相对较低，分别为11.0%和14.7%；到2008年，山东的复合肥的使用比例高达42.7%，而北京、天津、河北和辽宁的复合肥使用比例范围为27.4%～36.4%。环渤海地区各省（市）的化肥使用结构变化详见表3.1。

表3.1 环渤海地区各省（市）不同年份的化肥使用结构

地区	化肥使用比例（氮肥∶磷肥∶钾肥∶复合肥）				
	1989年	1994年	1999年	2004年	2008年
北京	73.5∶7.7∶0.0∶18.8	68.2∶4.0∶1.0∶26.8	61.1∶5.8∶2.1∶31.1	54.5∶8.5∶4.2∶32.8	51.1∶7.5∶5.0∶36.4
天津	70.1∶9.0∶3.0∶17.9	64.7∶8.1∶2.3∶25.4	55.6∶11.1∶5.0∶28.4	50.4∶15.8∶6.6∶27.2	46.6∶14.9∶8.7∶29.8
河北	65.3∶18.4∶1.6∶14.7	58.0∶19.5∶3.9∶18.6	55.5∶16.2∶5.9∶22.4	51.5∶16.1∶7.7∶24.8	49.1∶15.3∶8.2∶27.4
辽宁	72.0∶16.0∶1.1∶11.0	66.2∶12.2∶3.8∶18.0	62.9∶9.7∶6.7∶20.7	54.7∶9.7∶7.7∶28.0	50.9∶9.1∶8.9∶31.1
山东	65.0∶14.5∶2.2∶18.3	52.5∶15.3∶6.5∶25.7	48.0∶13.∶8.2∶30.0	41.1∶12.8∶9.7∶36.4	35.8∶11.5∶10.0∶42.7
合计	66.5∶15.6∶1.8∶16.1	56.9∶15.8∶5.0∶22.3	52.9∶13.8∶7.1∶26.3	46.7∶13.5∶8.6∶31.2	42.7∶12.5∶9.1∶35.7

3.1.2 单位农作物播种面积的化肥使用量变化

由图3.3可知，环渤海地区单位农作物播种面积的化肥使用量呈波动性上升的趋势，由1989年的187.54kg/hm^{2}提高到2008年的395.59 kg/hm^2，其变动趋势与区域化肥总量的变化趋势基本一致。从分区域来看，研究区各个省（市）的单位农作物播种面积的化肥使用量均呈现波动性增长的趋势：河北和辽宁两省的单位播种面积的化肥使用量一直处于较低水平，变化幅度较小；北京和山东的单位播种面积的化肥使用量一直处于较高水平；天津的变化速度最为剧烈。

单位农作物播种面积的氮、磷、钾及复合肥的变化存在差异（图3.4）。氮肥在1996年之前增长较显著，由1989年的124.75 kg/hm^{2}迅速提高到1996年的176.71 kg/hm^2，此后变化不大，甚至在某些年份略有下降；磷肥的变化趋势与氮肥基本一致，1996年以后变化不显著；单位农作物播种面积的复合肥使用量一直呈快速增长趋势，由1989年的30.14kg/hm^{2}迅速提高到2008年的141.33 kg/hm^2，20年间增长了111.19 kg/hm^2，增长了3.69倍；区域单位面积的钾肥使用量增长速度最快，20年间增长了9.70倍。

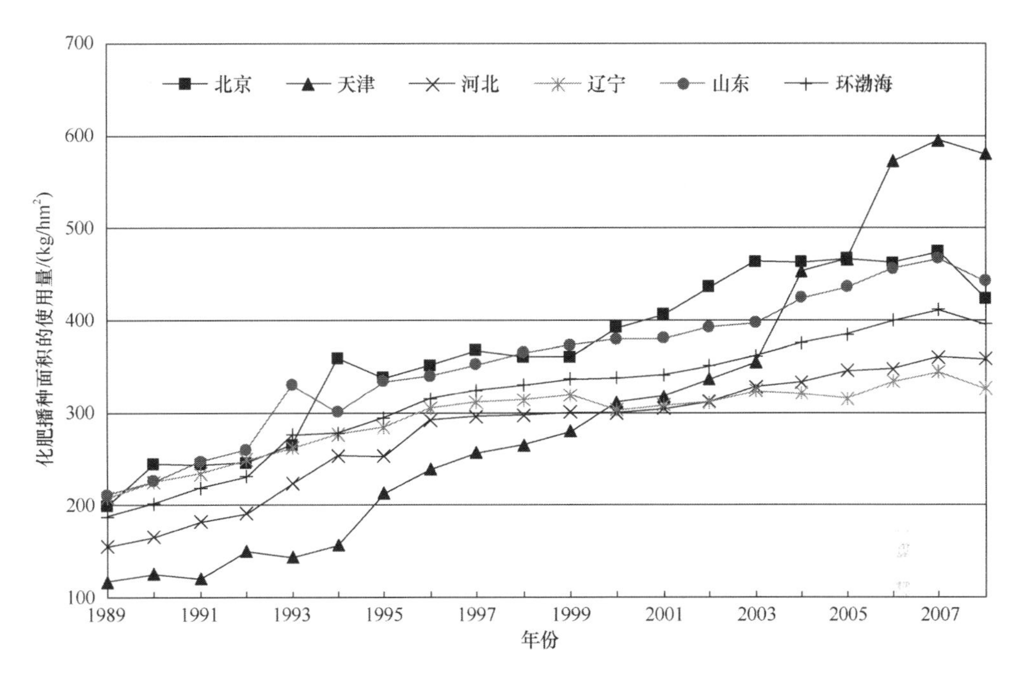

图 3.3 1989 年以来环渤海地区单位农作物播种面积化肥使用量的区域特征

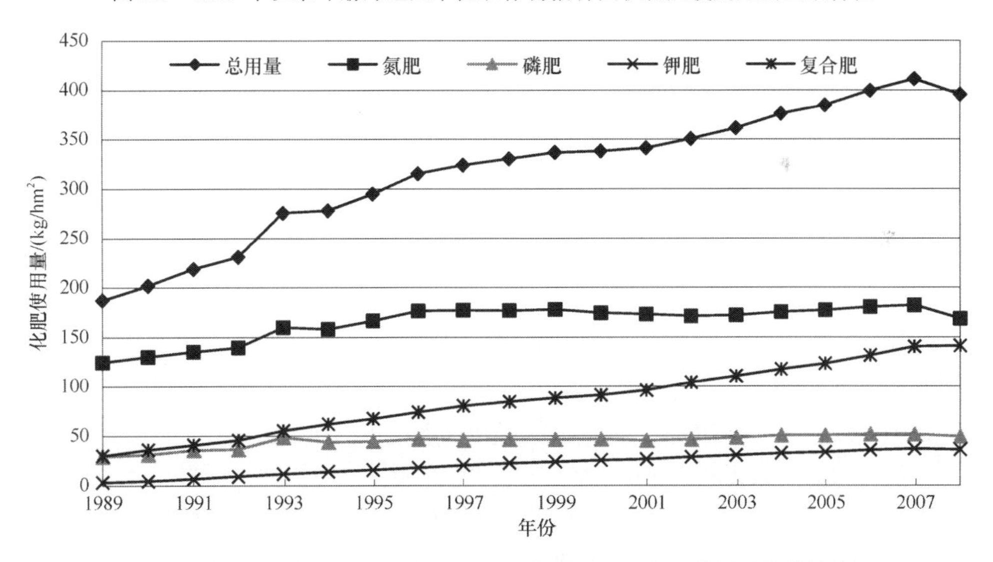

图 3.4 1989 年以来环渤海地区单位农作物播种面积化肥使用量的结构特征

3.2 区域农田化肥利用率的变化

3.2.1 农田化肥肥效的变化

农田的化肥肥效为单位播种面积上使用化肥量所得到的作物产量，计算公式为：农田化肥肥效（kg/kg）=单位播种面积上的产量（kg/hm^2）/单位播种面积化肥用量（kg/hm^2）。在计算化肥的产量效应时，首先将不同作物的产量统一折算为一种作物（玉米）的产量，在本书采用了《农用地分等规程》中的折算系数方法进行计算（表 3.2）。该折算方法主要分为两个部分：对于小麦、玉米、水稻这些指定作物，按照折算系数折算为标准粮；对于棉花、花生等其他作物，按照小麦、玉米、水稻 3 种作物折算后的平均标准粮单产进行计算，其计算公式如下：

$$P_i' = \frac{T_{i1} \times 1.25 + T_{i2} \times 1.63 + T_{i3}}{S_{i1} + S_{i2} + S_{i3}} \tag{3.1}$$

式中，P_i' 为第 i 省（市）其他作物（除小麦、玉米、水稻外）的平均粮食单产；S_i、S_{i1}、S_{i2}、S_{i3} 分别为第 i 省（市）的农作物、小麦、玉米、水稻的播种面积（$k\ hm^2$）；T_{i1}、T_{i2}、T_{i3} 分别为第 i 省（市）的小麦、玉米、水稻的产量（万 t）。

表 3.2 指定作物产量比系数

作物名称	稻谷	小麦	玉米	马铃薯	甘薯	小米（谷子）
产量比系数	1.00	1.30	0.80	0.20	0.25	1.10

从图 3.5 和表 3.3 分析可以看出，各区域化肥施用的粮食产出率变化趋势较为相似，总体上均呈现出波动性下降的趋势。其中，1996 年以前的下降速度较快，1996 年以后下降速度有所减缓，与区域化肥使用总量和单位农作物播种面积化肥使用量的变化趋势正好相反。从整体上来看，天津市的化肥肥效的波动性最大，北京市的化肥肥效的波动性次之，辽宁省、山东省和河北省的化肥肥效则相对较为平稳。从省（市）的变化情况来看，在 2000 年以前，天津市的化肥肥效高于其他省（市），但在 2000 年之后，辽宁省的化肥肥效高于其他省（市），而天津市的化肥肥效不断下降，2005 年以后，低于其他省（市）。

从化肥施用的粮食产出率来看，天津市的变化最为显著（标准差为 13.97），从 51.84 kg/kg 下降至 10.73 kg/kg，约为之前的 20%；北京市则从 1989 年的 33.38 kg/kg 下降至 2008 年的 12.15；河北、辽宁和山东的下降幅度均接近 40%。从平均值来看，在 1989～2008 年，环渤海地区化肥施用的粮食产出率为 21.46 kg/kg，各省（市）化肥施用的粮食产出率从大到小依次为天津、辽宁、河北、山东和北京，平均值分别为 27.16 kg/kg、22.97 kg/kg、21.79 kg/kg、20.66 kg/kg 和 20.47 kg/kg（表 3.3）。

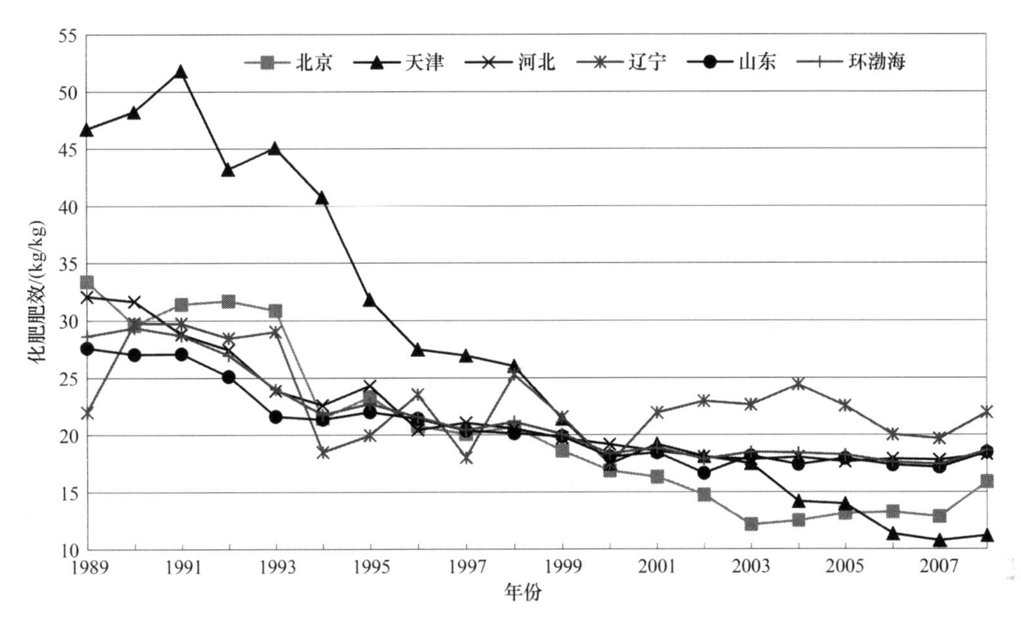

图 3.5　环渤海地区化肥施用的粮食产出率的区域特征

表 3.3　化肥施用的粮食产出率统计特征

省（市）	平均值/（kg/kg）	最高值/（kg/kg）	最低值/（kg/kg）	标准差
北京	20.47	33.38	12.15	7.24
天津	27.16	51.84	10.73	13.97
河北	21.79	32.07	17.64	4.72
辽宁	22.97	29.78	17.47	3.81
山东	20.66	27.61	16.64	3.52
合计	21.46	29.37	17.41	4:00

3.2.2　农田化肥利用率的变化

化肥作为粮食增产的决定因子，在我国农业生产中发挥了举足轻重的作用，近些年来，我国化肥用量持续高速增长，粮食产量却始终增加缓慢。1989～2008年，环渤海地区的农田化肥利用效率到底有多高？变化趋势是什么？针对以上问题，我们根据各单元的基础肥力，结合施肥产量，计算农田化肥利用率，主要分为以下四步。

（1）确定各单元的基础肥力，依据各单元单位播种面积化肥施用量和单位面积作物产量的变化，建立一元二次回归方程式，从肥料效应函数求出相应的对照产量（不施肥时的产量）。经计算，北京、河北、山东和环渤海地区的回归曲线拟合较好，其拟合方程详见表3.4。通过一元二次方程，求算出部分省（市）不施肥时的产量，以及在现有技术水平下、通过施肥所能达到的最高产量。

（2）以各单元的当前产量减去基础产量（不施用时的产量），即为施肥的产量。

（3）将施肥的产量乘以各种作物的养分吸收系数，就得到施肥后的作物养分吸收量。

（4）施肥后作物养分吸收量除以化肥中养分的总施用量，得到各省（市）的化肥利用率。从不同年份单位播种面积作物产量和化肥用量的变化，求出不施肥产量和通过施肥可以达到的最高产量，最终计算出化肥利用率：

化肥利用率=（单位播种面积）作物吸收的氮、磷、钾总量/（单位播种面积）化肥总施用量。

表 3.4　环渤海地区部分省市的肥料效应函数

地区	拟合曲线	不施肥时的产量 /（kg/hm²）	最高产量 /（kg/hm²）	最高产量时化肥用量 /（kg/hm²）
北京	$y = -432.6x^2 + 22.71x + 0.47$ $R^2 = 0.84$	4745	7725.5	262.5
河北	$y = -19.21x^2 + 6.85x + 0.41$ $R^2 = 0.76$	4057	10160.5	1782.44
山东	$y = -15.93x^2 + 8.54x + 0.43$ $R^2 = 0.84$	4328	15762.6	2679.01
环渤海地区	$y = -28.58x^2 + 7.62x + 0.45$ $R^2 = 0.68$	4451	9535.3	1333.82

按照报酬递减规律，随着化肥施用量的增加，单位化肥养分增产量必然会出现下降趋势，这是不可否定的客观规律。部分地区由于化肥的过量投入，化肥所能起到的对粮食作物产量提高的作用正在逐步下降，对于某些作物来说，化肥的粮食增产作用已经呈现负值。通过计算，得出了 1989 年以来北京、河北、山东及环渤海地区的化肥利用率（表 3.5）。结果表明，化肥利用率在一定程度上受化肥施用量的影响，即当单位面积化肥施用量达到一定水平后再增加化肥施用量，则化肥利用率会相应降低。

化肥利用率随化肥施用量增加而下降的幅度，会因地区不同而有所差异。总体上看，这几个省（市）的化肥利用率变化趋势基本一致，均呈现出先波动性下降后平稳上升的趋势，即 2000 年以前化肥利用率总体呈下降趋势；2000 年以来，随着施肥结构的合理化和施肥技术的提高，化肥利用率呈现平稳上升的趋势。其中，北京市的化肥利用率变化最为剧烈，1996 年以前明显高于环渤海地区的平均水平，2002 年以后则显著低于环渤海地区的平均水平；河北、山东的变化较缓，基本上与区域整体变化趋势一致，但均小于环渤海地区的平均水平。从总体趋势

表 3.5　部分省（市）单位农作物播种面积的化肥利用量和利用率

年份	北京		河北		山东		环渤海地区	
	利用量 /（kg/hm²）	利用率 /%	利用量 /（kg/hm²）	利用率 /%	利用量 /（kg/hm²）	利用率 /%	利用量 /（kg/hm²）	利用率 /%
1989	97.29	48.98	46.66	30.16	50.48	23.96	47.63	25.40
1990	128.88	52.66	60.46	36.58	65.12	28.87	76.42	37.83
1991	150.43	61.66	61.53	33.75	95.54	38.70	94.18	43.05
1992	157.36	63.96	60.89	31.92	87.58	33.67	91.69	39.70
1993	177.49	66.89	65.19	29.22	118.54	35.87	111.58	40.47
1994	153.04	42.58	86.11	33.96	80.98	26.96	82.43	29.64
1995	161.58	47.80	107.86	42.62	129.59	38.76	116.08	39.35
1996	131.05	37.33	98.85	33.82	125.98	37.04	121.08	38.37
1997	136.05	37.00	112.46	37.96	120.50	34.23	111.64	34.45
1998	139.85	38.79	105.48	35.52	129.32	35.43	130.70	39.55
1999	101.33	28.11	96.78	32.17	132.81	35.59	118.92	35.31
2000	96.09	24.52	87.12	29.05	104.71	27.58	90.81	26.85
2001	97.04	23.90	82.27	27.06	112.40	29.54	102.76	30.10
2002	86.50	19.85	81.58	26.15	112.51	30.02	93.85	26.76
2003	45.92	9.90	92.80	28.30	122.78	30.89	115.28	31.89
2004	53.67	11.60	101.11	30.33	131.08	30.92	127.82	33.98
2005	71.86	15.40	105.07	30.43	153.52	35.25	132.72	34.49
2006	71.43	15.45	111.37	32.06	158.29	34.75	133.45	33.40
2007	69.48	14.65	121.81	33.80	163.42	35.03	139.99	34.03
2008	102.31	24.17	129.27	36.06	172.36	38.95	150.80	38.12

来看，粮食作物单位面积化肥投入量虽然逐年提高，但粮食产量在 1995 年后却是徘徊不前，说明化肥的增产效果在近 10 多年来下降较快，今后如果不采取其他的措施，而单靠增加化肥的投入量来提高粮食产量的做法是不现实的。

3.3　化肥适宜量分析

由图 3.6 可知，河北省粮食单产随着单位农作物播种面积化肥使用量的提高而增加，但不同时段，变化率不一样。1995 年以前，粮食单产随着化肥使用量的增加而快速提高；1995～1998 年，粮食单产与化肥使用量的变化都不显著；1998 年以来，单位面积的化肥使用量仍呈现快速增长的趋势，但单位播种面积的粮食产量呈现出“先降后升”的变化趋势，粮食单产在这段时间内增长变化趋势不明显。

因此，在农业生产技术尚未取得重大突破时，河北省单位农作物播种面积的化肥适宜量约为 253.296kg/hm^2。

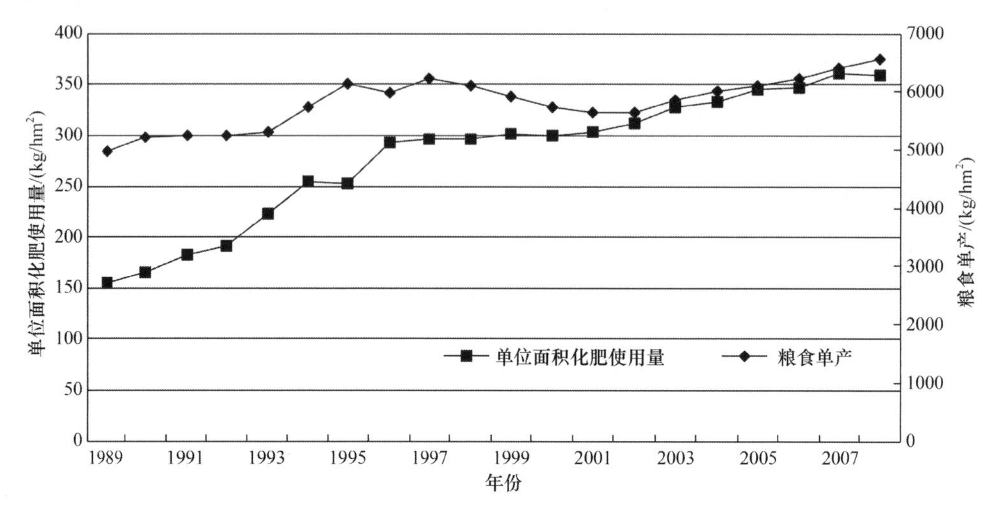

图 3.6　河北省单位农作物播种面积的化肥使用量与粮食单产的关系

由图 3.7 可知，北京市粮食单产与单位农作物播种面积化肥使用量的变化相对复杂。1994 年以前，粮食单产随着单位播种面积化肥用量的增加而显著快速增长，1995～2000 年，粮食单产则随着单位播种面积化肥用量的增加而不断下降。2000 年以后，虽然单位面积化肥用量持续快速上升，但是粮食单产呈现“先下降后增长”的状态。因此，北京市单位农作物播种面积的化肥适宜量为 265.338kg/hm^2。

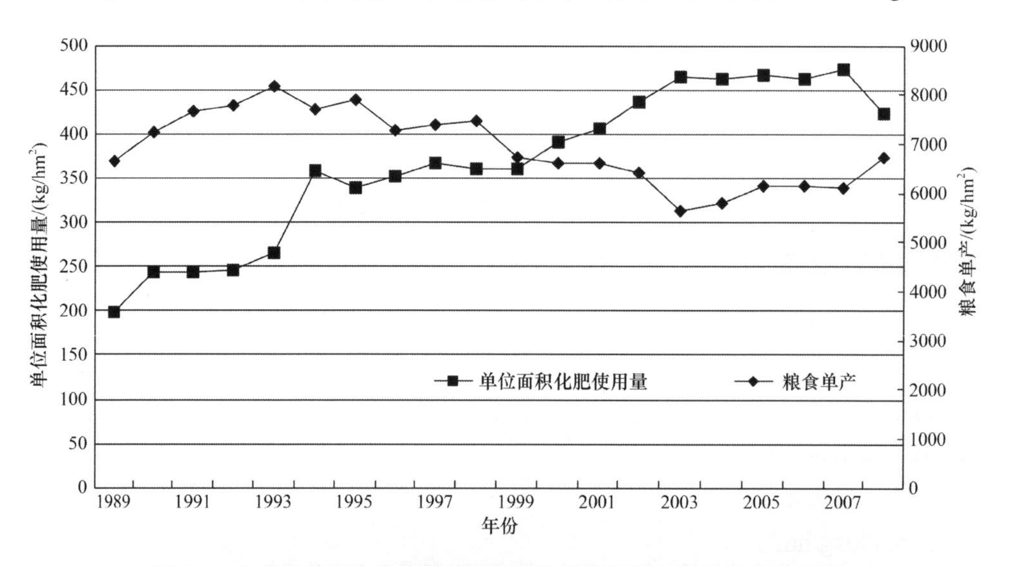

图 3.7　北京市单位农作物播种面积的化肥使用量与粮食单产的关系

由图 3.8 可知，除了 1998～2000 年，粮食单产随着单位播种面积化肥用量的增加而不断下降，天津市粮食单产与单位农作物播种面积化肥使用量变化呈现显著的正相关关系。但在 2000 年以后，虽然单位面积化肥用量呈现快速上升趋势，但是粮食单产的增加趋势不明显。因此，本书认为天津市农作物播种面积的化肥适宜量为 213.265kg/hm^2。

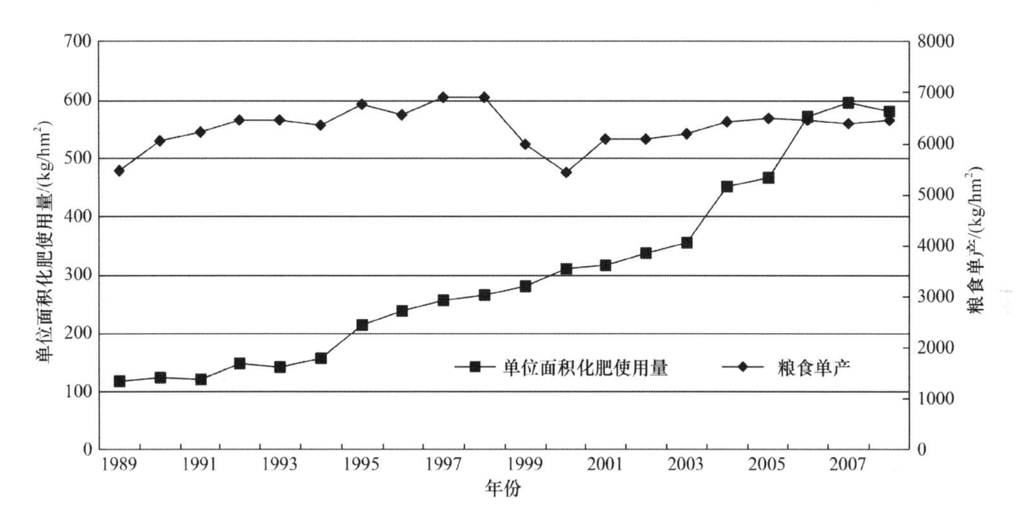

图 3.8　天津市单位农作物播种面积的化肥使用量与粮食单产的关系

由图 3.9 可知，山东省粮食单产随着单位农作物播种面积化肥使用量的提高而增加，但不同时段，变化率不一样。1993 年以前，粮食单产随着化肥使用量的增加而快速提高；1993～1998 年，粮食单产随着化肥使用量的增加仍然呈现增长的趋势，但增长速度变缓；1998 年以来，单位面积的化肥使用量仍呈现快速增长的趋势，但单位播种面积的粮食产量变化不明显。因此，本书认为山东省农作物播种面积的化肥适宜量为 330～373kg/hm^2。

由图 3.10 可知，环渤海地区的粮食单产总体上随着单位农作物播种面积化肥使用量的提高而增加，但不同时段，变化率不一样。1993 年以前，粮食单产随着化肥使用量的增加而快速提高；1993～1998 年，粮食单产随着化肥使用量的增加仍然呈现增长的趋势，但增长速度变缓；1998 年以来，单位面积的化肥使用量仍呈现快速增长的趋势，但单位播种面积的粮食产量却没有多大变化。因此，在农业生产技术尚未取得巨大突破时，环渤海地区单位农作物播种面积的化肥适宜量为 275.330kg/hm^2。

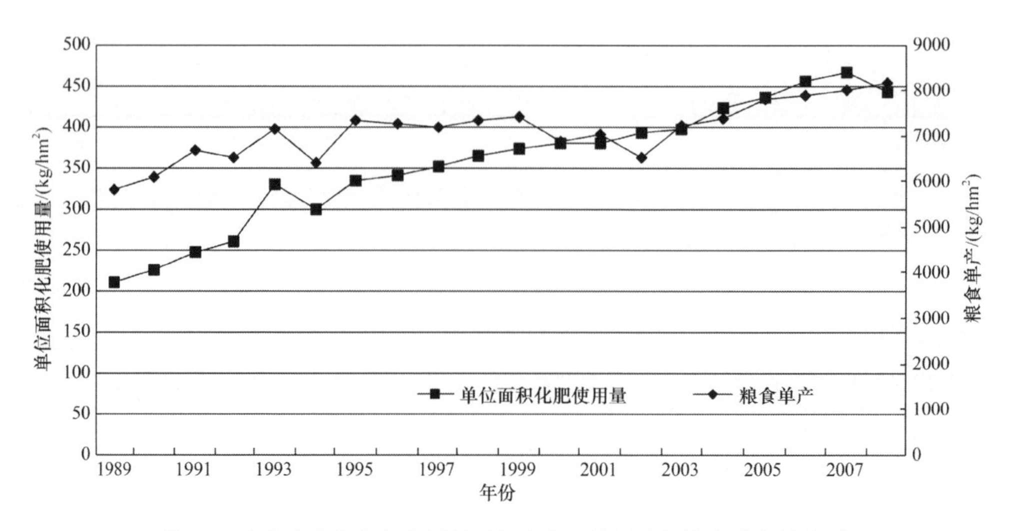

图 3.9 山东省单位农作物播种面积的化肥使用量与粮食单产的关系

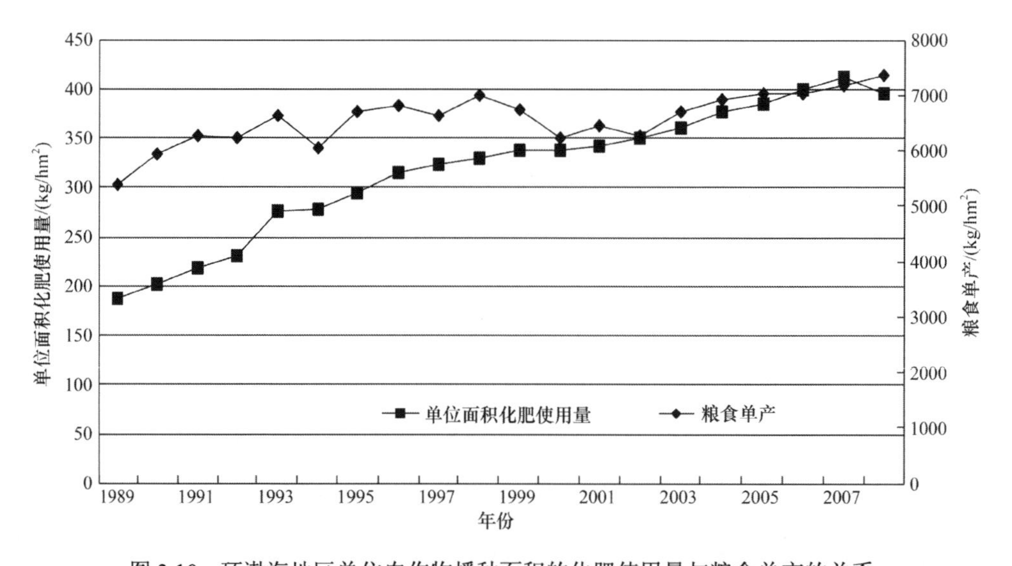

图 3.10 环渤海地区单位农作物播种面积的化肥使用量与粮食单产的关系

不同作物单位播种面积的适宜化肥使用量是有明显差异的，但由于在统计分析结果中并未细分到按照作物进行统计。因此，本节研究中所获得的化肥适宜量实际上是区域所有作物的平均值水平。从区域差异来看，山东省单位面积的化肥适宜量最高，为 330～373kg/hm^2，这可能与化肥需求量大的经济作物所占比例较大的种植结构有关；北京市次之，单位农作物播种面积的化肥适宜量为265.338kg/hm^2；河北省以传统粮食作物种植为主，单位农作物播种面积的化肥适宜量为 253.296kg/hm^2；天津最低，辽宁的变化规律不甚明显，有关原因需进一步开展深入的分析研究。

3.4　优化对策及建议

3.4.1　优化化肥施用比例和产品结构

2008年环渤海地区氮肥、磷肥、钾肥和复合肥的比例为42.7∶12.5∶9.1∶35.7，氮肥比例偏高，磷钾肥仍然偏低。因此，环渤海地区氮磷钾比例首先需进一步优化调整，加大“补磷钾工程”力度，增加钾肥投入，促进氮磷钾肥消费比例优化。国家测土施肥中心实验室的分析表明，我国土壤样品的速效磷含量为极低、低和中等水平的分别占20%、28%和22%；土壤样品的速效钾含量为极低、低和中等水平的分别占9%、23%和23%（朱兆良和金继运，2013）。自20世纪80年代初开始，在农业部的统一协调和组织下，国际植物营养研究所与中国农业科学院和全国有关科研究教育单位合作，在全国范围内开展了大量的平衡施肥研究和示范工作。结果表明，我国在水稻、小麦和玉米三大粮食作物上的每千克氮、磷（P_2O_5）、钾肥（K_2O）的增产量分别为108～12.2 kg、9.2～11.5 kg和6.8～10.4 kg（刘晓燕，2008）。平衡施肥作为作物优质高产的重要措施，对肥料利用效率的提升和作物产量的持续增加具有重要的支撑作用。

其次，要大力调整环渤海地区化肥品种结构。增加复混肥料的比例，发达国家60%的氮肥、80%～90%的磷肥和钾肥均被加工成复合肥施用，复混肥的比例高达70%～80%，而环渤海地区才36%左右。重视散装复混肥料的生产，大力发展各种高浓度肥料，氮肥中提高尿素的生产比例，磷肥要发展高浓度磷复肥料。增加肥料品种，改善现有的肥料投入结构，改良土壤，增加土壤肥力，提高农业生产力水平。应积极发展配方肥料和作物专用肥料，加强区域配肥技术研究，推广测土配方施肥。为减少施肥过程中的浪费，应加快推广成本低而操作投入少且长效缓释及其控释肥料技术的研究、开发、示范和推广。在复合肥的选择上，应遵循以下原则：①因土施用，根据土壤养分情况灵活掌握；②因作物施用，根据作物种类和不同营养特点，选用适宜的复合肥品种；③按养分形态施用，根据复合肥中所含养分形态决定其适用范围；④以基施为主，复合肥料大多为颗粒状，比单质化肥分解缓慢，宜作基肥。

3.4.2　优化区域化肥配置

根据大面积生产中减少施肥的盲目性、控制氮肥施用量，协调氮肥的农学效应和环境效应，朱兆良院士从研究适宜施氮量的推荐问题入手，提出了“区域宏观控制与田块微调结合”的推荐理念（朱兆良，2010)。“区域平均适宜施氮量”的定义为，在同一地区同一作物上，在基本一致、广泛采用的栽培技术下，从氮肥施用量的田间试验网中得出的各田块最大经济效益时的施氮量的平均值。区域平均适宜施氮量将施氮量从田块尺度提高到区域尺度，与农民习惯用量相比，高产、节氮、环保，不需要测试成本。

因此，针对环渤海地区的施肥和肥料利用率问题，在环渤海地区化肥区域分布情况和区域生产要素现状基础上，充分考虑土壤肥力、肥料效应、有机肥资源利用等因素，根据不同地区各种作物的推荐施肥量和种植结构，计算区域和作物的宏观合理消费量，然后与实际消费量比较，由此可得到环渤海地区肥料资源的优化配置目标和策略。自从家庭联产承包到农户后，农户已成为我国最基本的农业生产单元，同时也成为农业生产的最直接决策者，农户的施肥行为直接影响农田养分状况与肥效，而这些情况不容易了解；环渤海地区地域辽阔，各种土壤条件、种植结构和化肥施用与需求状况相差甚大。因此，对化肥生产、流通和消费进行宏观调控和资源优化配置将成为提高化肥施用效率的重要途径和制订化肥工业发展规划的重要依据。基于农田与农户的以施肥状况调查为核心的农户调查是研究解决施肥问题的必要手段，通过对农田与农户的调查，掌握农民施肥的第一手资料，进行由点到面的决策，将使微观与宏观研究达到完美的结合，最终达到养分资源。

3.4.3 改进化肥使用技术

农业生产是一个由多因素影响的复杂综合体，必须从影响农业生产的诸多方面同时努力以充分发挥化肥的增产作用，如加强栽培管理与农田基本建设、更新品种、农业新技术的应用与推广等。采取综合技术充分发挥化肥增产作用的核心是协调好投入与产出，以及资源效率、经济效益与环境风险的关系（张福锁和马文奇，2000)。按照农业可持续发展的要求，施肥是在保护环境条件下以获得最大的经济效益为目标，而不是以片面追求最高产量为目标。我国是世界上化肥施用量最多的国家，肥料的平均利用率只有 30%左右，大多数养分随径流、渗漏和挥发等途径损失。因此，需要根据不同地区的实际情况研究减量施肥技术具有重大的意义。目前，主要的化肥减量技术有：①氮肥运筹优化技术，在施氮量相同的情况下，合理调整基追肥的分配比例；②种植制度优化技术；③缓控释等新型肥料技术；④土壤改良剂控制氮磷损失（杨林章等，2013)。其次，应加大化肥和有机肥配施的力度。有机肥不仅具有化肥中的氮磷钾等营养元素，还能提供其他有益的微量元素，配施一定量的有机肥能提高化肥利用效率，增加作物产量（Li and Zhang，2007）。除此之外，农业高新技术方面与科学施肥相结合的技术有水肥一体化技术、根际土壤调控技术、3S农业和精准施肥技术、飞机施肥技术等（王兴仁等，2016）。因此，在环渤海地区，应该大力改进现有的化肥使用技术，提倡和推广化肥减量技术、有机无机配施方法和新型施肥技术。

3.4.4　推广科学施肥，提高化肥利用率

我国施肥技术的发展大致分为技术模式施肥阶段、区域大配方施肥阶段和田块精准施肥阶段（王兴仁等，2016）。近年来，按照转变农业发展方式的总体要求，科学施肥技术得到了大面积推广，推进了高效环保农业的发展。2005年以来，按照“增产、经济、环保”的施肥理念，通过大力推广测土配方施肥、有机质提升、水肥一体化等科学施肥技术，使得肥料在农业增产增收、节能环保方面发挥了重要作用。科学施肥优化了施肥比例，氮、磷、钾肥的用量比例从2005年的1∶0.46∶0.17变化为2012年的1∶0.49∶0.24，比例趋于合理，从而提高了肥料利用率，减轻了农田生态环境污染压力。2012年化肥利用率达到33%左右，比2005年提高了5%（朱明，2016）。实践证明，采用平衡施肥方式通常可促使化肥利用率由30%左右提高到45%左右，可节约化肥约15%，因而成为提高化肥利用率的核心措施。合理的施肥量、科学的施肥时期，以及有机无机的合理配比是华北平原作物高产、提高肥效和环境友好的关键（吉艳芝等，2014）。

通过收集环渤海地区的土壤肥力和肥料资料，建立土壤肥料信息系统，组织环渤海地区的土壤肥力肥料效应实验网络，定期发布环渤海地区土壤肥力和肥料效应变化的报告，进而研究提出适合环渤海地区区情的平衡施肥技术。针对区域农业生产实际，应积极开展提高化肥施肥效率的研究工作，举办各种形式的培训班，抓好科技示范户，办好样板田，充分利用广播、电视、报刊等形式大力宣传平衡施肥知识，科技人员要深入农村向农民传授科学施肥的知识，及时推广先进的施肥技术，努力提高化肥利用效率。

第4章 农田土壤本底碳氮分布格局

农田土壤储存的碳占陆地土壤碳储量的8%～10%，农田土壤碳库的消长会直接影响到大气中碳库的源汇效应。农田生态系统土壤碳库受到强烈的人为干扰，同时又可以在较短的时间尺度上进行人为调节（许信旺，2008）。氮是作物生长必需的矿质营养元素，土壤氮包括有机态氮和无机态氮，有机态氮主要指存在于未分解或半分解动植物残体和有机质中的氮，是土壤氮素的主要存在形态和主体。大部分有机态氮不能被作物直接吸收，但它们是土壤矿化氮的主要来源。土壤无机氮包括速效氮和矿物固定态氮，水溶性铵、交换性铵和硝态氮是能被作物直接吸收利用的速效氮，而矿物晶格固定态铵则很难被植物直接利用（赵士诚等，2014）。因此，土壤氮库的形态组成直接影响着土壤氮的保存和供应能力。农田土壤本底碳氮含量水平，深受自然条件和人类经济活动的双重影响，揭示一定区域土壤本底碳氮含量的分布格局，既是农田生态系统碳氮平衡研究的核心问题，也是指导农业生产实践的重要依据。

4.1 土壤养分空间变异及定量分析

土壤是覆盖在地球表面上具有一定肥力并能生长植物的疏松层，是受母质、气候、生物、地形、时间和人为因素共同作用而形成的非均质和变化的时空连续体，具有高度的空间变异性。已有研究表明，即使在同一时刻，土壤类型和质地相同的区域内，土壤特性在空间上也有明显差异，这种属性称为土壤特性的空间变异性（程先富等，2004）。土壤的空间变异性不仅表现在区域尺度上，也表现在田块尺度上。在研究方法上，主要分为传统统计学、地统计学、神经网络、地理信息技术记忆高精度曲面建模等（徐剑波等，2011）。分析、预测土壤养分空间变异，开展区域土地质量评价是土地可持续利用的重要组成部分，对于提高耕地水肥利用效率，改善田间管理，防止环境的污染具有直接的现实意义。国内对土壤空间变异性研究起步较晚，20 世纪 80 年代对旱地上土壤的空间变异性、水稻土物理性质的空间变异性进行了研究。90 年代，一些学者对土壤的某些化学特性的空间变异性进行了研究，现在已开始把 GIS 应用于土壤的空间变异性研究。

大尺度的土壤养分空间变异研究，对于获取高精度的土壤养分信息，为生态地理区划、土壤环境、农业宏观管理决策等提供可靠的数据基础（胡克林等，1999）。中小尺度的土壤养分空间变异研究有利于合理布局种植制度，改善田间管理，制定合理的施肥灌水措施（李启权等，2010）。而我国传统的农业生产通常将地块作为均质的耕种单元，依照农户的生产习惯组织施肥和生产，一方面施肥的盲目性导致了肥料利用率低；另一方面易于引起水环境的污染。因此，揭示土壤养分的空间变异规律是制定科学合理的养分管理方案的前提和基础。王淑英等（2007）应用地统计学方法，系统分析了北京市平谷区的土壤有机质和全氮空间分布特征及其变异规律，为实现土壤养分数字化管理提供了重要依据。吕真真等（2014）利用地统计学及 GIS 插值技术，对环渤海沿海区域 0～30cm 深和 30～60cm 深的土壤养分空间差异和空间分布格局进行了研究，为指导研究区施肥和提高肥料利用效率，实现精准化农业可持续发展提供了有力支撑。

4.1.1　土壤养分空间变异的形成与影响因素

土壤养分的空间变异性是土壤特性空间变异的一个重要方面，表现为土壤中所含养分在不同空间位置具有明显的差异性。土壤养分的空间变异是普遍存在的，而且比较复杂，成土母质、地形、人类活动等对土壤养分的空间变异均有较大影响。土壤养分空间变异的来源包括系统变异和随机变异两种。自然过程（地形、母质、土壤类型）是土壤养分空间变异的内在驱动力，它有利于土壤养分空间变异结构性的加强和相关性的提高，尤其是在较大的尺度水平上表现更为明显；而人为过程如施肥、耕作措施、种植制度则是土壤养分变异的外在影响因素，表现为较大的随机性，它往往对变量空间变异的结构性和相关性具有削弱作用，使土壤特性的空间分布朝均一方向发展，尤其是在小尺度水平上更为强烈。

秦松等（2008）应用地统计学和 GIS 技术，探讨了丘陵地区土壤养分的空间变异性，分析了地形因子对土壤养分含量空间分布的影响。进一步研究表明，土壤受成土母质、地形及人类活动等自然因素和人为因素的影响，使得土壤成为不均一和变化的时空连续体，并表现出高度的空间变异性。孙波等（2008）研究认为，区域农田养分盈亏是驱动农田土壤肥力时空变化的主要因素。杨艳丽等（2008）研究表明，在研究区 1∶5 万尺度范围内，土壤类型对全氮和全磷（TP）的变异起主导作用，而速效磷受成土母质的影响较大，土壤类型和成土母质对速效钾的影响较小，土壤类型和成土母质对全量养分的影响要大于速效养分。土壤类型对太湖地区土壤全氮、速效钾空间变异的影响要大于母质和地形；地形影响全磷和速效磷空间变异较母质和土壤类型更为明显；而母质是影响全钾的主导因素，对其空间变异的影响比土壤类型和地形大（赵莉敏等，2008）。

4.1.2 土壤养分空间处理方法

在早期研究土壤特性空间变异性时，通常采用传统统计方法，但该方法只能估计测定区域所考察土壤特性的变异强度，却不能估计测定区域所考察土壤特性的分布情况。自 20 世纪 70 年代以来，随着地统计学的提出，计算机、全球定位系统、地理信息系统的发展，土壤特性空间变异的规律研究不断提升。主要的方法有：回归树模型、克里格法、确定性空间插值方法、混合地统计方法和模糊聚类方法（范铭丰，2010）。地统计学方法已经被证明是分析土壤特性空间分布特征及其变异规律的最为有效的方法之一（Webster，1985；李艳等，2003）。该方法根据一个采样点的养分状况推测其周围未采样点的养分特征，将不连续的点状数据形成连续的面状区域，来描述整个研究区域的土壤养分空间变异特征。它在一定程度上克服了采样时面临的采样点多，既费钱，又困难，以及采样点少没有代表性等难题。利用 ArcGIS 软件的 Geostatistical Analyst 模块，结合应用 GIS 较强的空间数据管理功能和地统计学空间分析功能（郭旭东和杨福林，2000）。

选用合适的插值方法，在有限的样点信息基础上对土壤养分分布进行空间预测是比较关键的一步，预测的准确程度直接影响到养分管理的效益。白由路和李保国（2002）应用克里格方法对农田土壤养分进行了空间预测，并对其准确度进行了分析，认为用克里格方法进行土壤营养元素的空间预测是可行的。肖玉等（2003）应用多种插值方法对土壤速效磷含量进行插值，结果表明局部多项式的插值效果最佳，而普通克里格效果较佳。也有研究者表示，能够反映出结构性影响的克里格插值方法将明显优于其他方法（石小华等，2006）。胡忠良等（2009）采用高密度样块土壤采样法，调查和分析了不同植被类型下的样块土壤有机碳和氮、磷元素的全量和有效态含量及其空间异质性特征的变化。余新晓等（2009）采用地统计学半方差函数和克里格插值方法，分析了八达岭土壤全氮、全磷和碱解氮（AN）的空间变异特性，并将地统计学和地理信息系统有机结合，实现了大尺度下土壤全氮、全磷和碱解氮空间变异性的定量分析研究。

4.1.3 土壤类型与数据库

环渤海地区土壤本底数据来源于中国科学院南京土壤所 1∶100 万中国土壤数据库，其原数据主要源于《中国土种志》和 1995 年出版的《1∶100 万中华人民共和国土壤图》。将环渤海县域图和环渤海土壤图叠加（将环渤海土壤图与属性数据库相链接），土壤类型图与行政边界图进行空间叠加生成的二级图斑。应用地统计分析方法中的克里格插值法得到整个区域土壤本底的空间分布图。

根据上述全国 1∶100 万土壤图，环渤海地区共有人为土、钙层土、半水成土、淋溶土和初育土等九大土纲（图 4.1，详见文后彩图 4.1）。不同区域，母质来源不同，土壤养分含量各异。区域土壤类型主要由半水成土、淋溶土和钙层土构成，类型不同其土壤养分含量也就存在差异。华北平原主要流经源于河北北部燕山的潮白河，东北平原由源于辽宁东部长白山脉辽河冲积而成，淤积物质来自山地肥沃表土的面蚀，土壤主要为钙层土和淋溶土，养分含量较高，有机碳量平均在 1.5%，氮含量在 0.1%以上；中部黄河流经黄土高原再到黄淮平原，土壤类型主要以半水成土为主，养分含量较低，有机碳、全氮量最低值集中于中部地区。

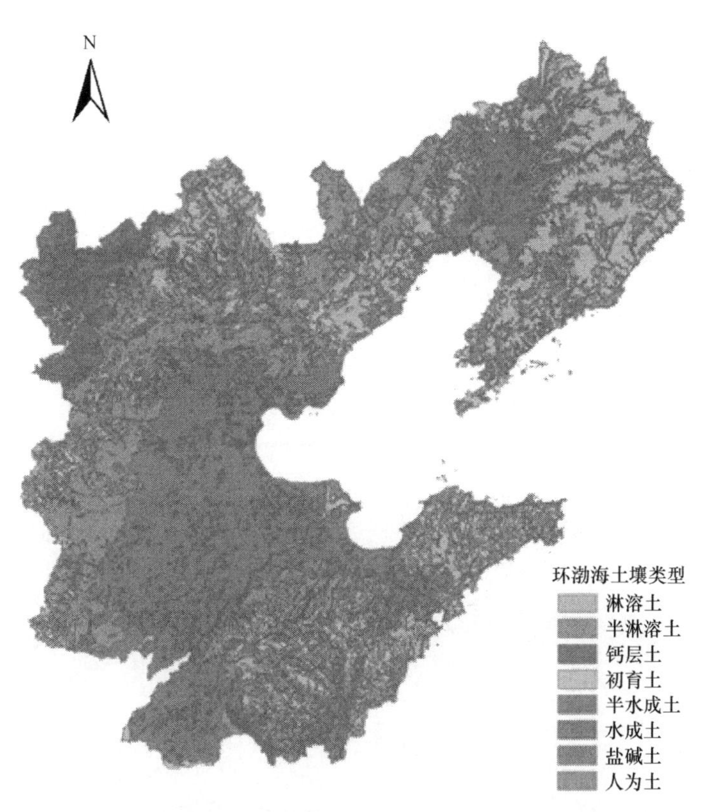

图 4.1　环渤海地区土壤类型分布图（详见文后彩图）

4.1.4　定量评价与分析方法

本书中应用嵌入地理信息系统软件 ArcGIS 中的克里金（Kriging）插值方法，

通过各拟合参数的比较和 Cross-Validation 交叉验证,选择合适的 Kriging 插值模型对养分区划进行评价。ArcGIS 地统计分析模块提供了 5 类数据拟和参数及其相应的模型检验标准，可以提供定量化的模型选择标准，结合半方差函数图可以使选择结果更能反映土壤养分的实际变异情况。应用 Cross-Validation 交叉验证对所选择的插值模型进行验证，并对各参数进行修正，以得到最合理的土壤养分含量分布的等值区图。利用 ArcGIS 系统的空间分析模块将各养分含量插值结果图件与行政辖区图件进行空间叠加，得到整个行政辖区范围内的土壤养分含量空间分布图。

第二次全国土壤普查资料中没有土壤有机碳（soil organic carbon，SOC）指标而只有有机质含量数据，一般土壤有机质中碳含量为 55%～65%，国际上普遍采用 58%作为碳含量转换系数（Post et al.，1982），因此本书在计算有机碳含量时也采用这个转化系数，土壤有机碳氮比应为土壤中有机碳和有机氮含量之比。但由于缺少有机氮含量的直接测量数据而土壤全氮 95%以上又以有机氮为主（周志华等，2004）。因此，本书近似地将土壤有机碳与全氮含量（total nitrogen，TN）比值作为其值。利用 Office Excel 2000 软件进行数据计算，利用 SPSS 11.5 软件进行相关统计分析。定量分析方法及其技术流程见图 4.2。

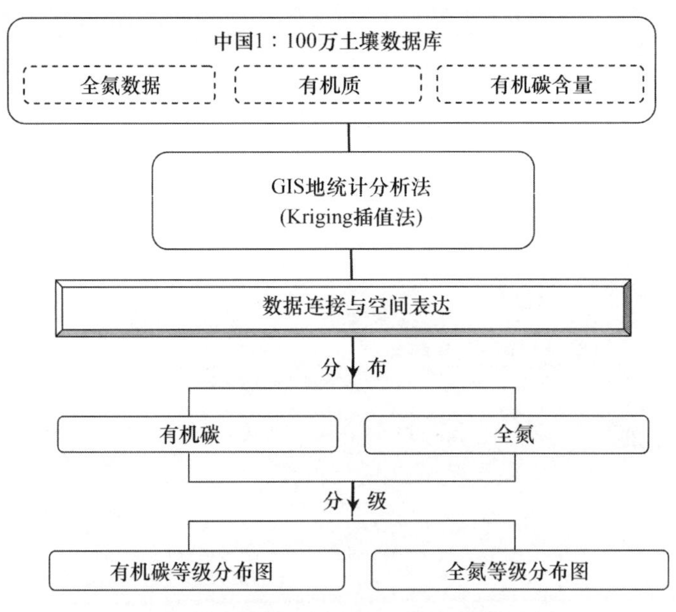

图 4.2 定量分析方法及其技术流程

4.2 土壤本底有机碳分布格局

农田土壤中碳库的质和量的变化，不仅改变着土壤肥力、影响作物产量，而且对区域环境质量产生生态意义的影响。通过秸秆还田、增施有机肥来提高土壤碳的盈余量，保持高产农田碳的良性循环，且处于高水平的循环状态，这样使得每年有较多的有机质发生矿化，而自然产生大量可给氮来供应作物生长，在此基础上再合理地依靠氮肥投入，发挥系统的内稳态功能，实现农业资源的高效利用，从而杜绝或减少发生威胁生态环境安全的可能性，以此实现经济效益、生态效益和产量目标的平衡，这将成为环渤海地区持续农业乃至区域持续发展的关键因素。环渤海地区土壤有机碳的含量为0.16%～4.5%，平均含量为0.89%。北部地区有机碳含量相对高于南部，河北北部山区、京西北山区、辽宁中部及其东部、南部地区属于区域有机碳量高值分布区。从各省分布差异来看，辽宁西部地区、河北南部、山东西北及西南部有机碳含量大多在0.5%以下，山东省有机碳含量普遍较低。有机碳含量低于0.50%的区域主要集中在山东西北部与河北南部交界区，山东东部及南部滨海的狭长地区和山东西南部地区（图4.3，详见文后彩图4.3）。

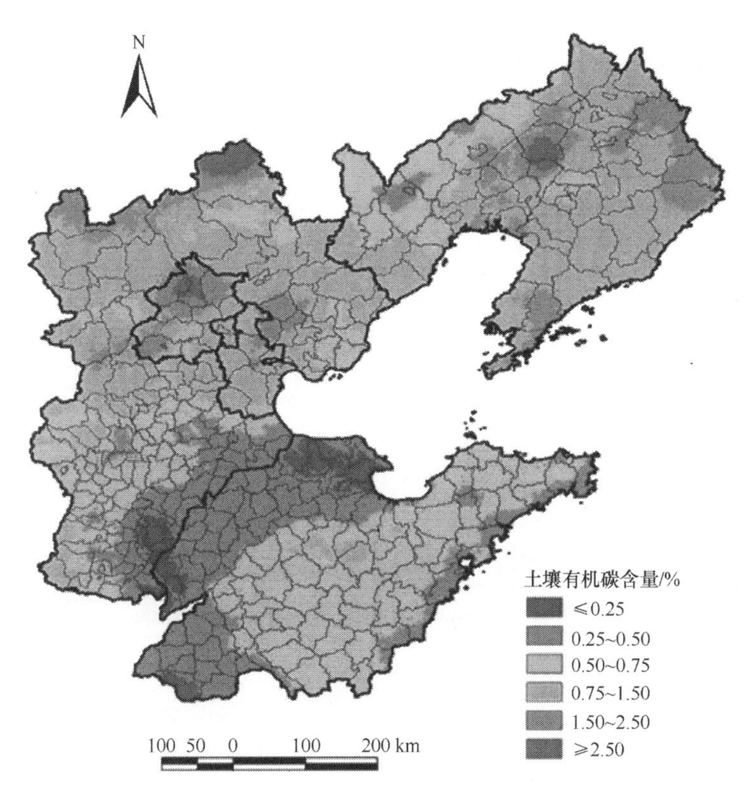

图4.3　环渤海地区土壤有机碳分级图（详见文后彩图）

从表4.1中可以看出，环渤海地区土壤有机碳分级主要在0.75%～1.50%，共有19877个斑块，占比为40.60%；分级在0.50%～0.75%的比例为29.89%；分级为>2.50%和<0.25%的斑块较少，斑块总数分别为 627 个和 1243 个，占比分别为 1.28%和 2.54%。环渤海地区有机碳含量高于 0.5%的斑块数占到总斑块数的 80.83%，其中在 0.5%～1.5%的占到 75.49%，分布相对集中且所占比例较大。

表 4.1　环渤海地区土壤有机碳分级比例统计

分级	分级标准/%	斑块总数/个	比例/%
1	<0.25	1243	2.54
2	0.25～0.50	8140	16.63
3	0.50～0.75	14633	29.89
4	0.75～1.50	19877	40.60
5	1.50～2.50	4438	9.06
6	>2.50	627	1.28

4.3　土壤本底全氮分布格局

土壤有机质和全氮是评价土壤肥力与土壤质量的重要指标，是全球碳循环的重要源和汇，已逐渐成为土壤科学、环境科学研究热点之一。土壤有机质和全氮与其他土壤特性一样，具有高度的空间变异性，即在相同的区域内，同一时刻不同的空间位置，其含量存在明显的差异。充分了解土壤有机质和全氮的空间分布特征，掌握其变异规律，对于实现土壤可持续利用和区域农业可持续发展具有重要意义。路鹏等（2005）利用 GIS 技术与地统计学方法相结合，分析了亚热带红壤丘陵典型区域耕层土壤全氮的空间变异特征，并在此基础上利用 Kriging 插值方法绘制了土壤全氮的空间分布图，该成果对本书提供了重要的参考。

本书主要基于全国 1∶100 万土壤类型图，在 ArcGIS 系统中的地统计分析模块支持下，应用了 Kriging 插值方法，开展了土壤全氮含量分级与空间分布的系统研究。主要经历了土壤属性库建立、土壤全氮方差分析、土壤全氮空间差异与样点分布分析、土壤全氮插值（Kriging）及其栅格化处理等过程（图 4.4），最终完成了环渤海地区土壤全氮分级制图研究（图 4.5，详见文后彩图 4.5）。

根据已有研究成果及实用方法，本书重点采用了定量方法，评价和分析了环渤海地区土壤全氮含量。研究表明，环渤海地区土壤全氮含量的空间差异明显。北部地区全氮含量明显高于南部，河北北部山区属于区域全氮含量高值区。从各省（市）差异来看，辽宁大部、河北北部及北京、天津市氮量大多在 0.1%以上，而山东省氮含量普遍较低，氮量最低的一级区主要集中在山东和河北南部交界区（图 4.5）。土壤全氮含量为 0.012%～1.55%，平均在 0.11%，主要集中在 0.100%～0.500%和 0.050%～0.075%，分别有 17774 个和 13504 个斑块，比例分别为 36.30%

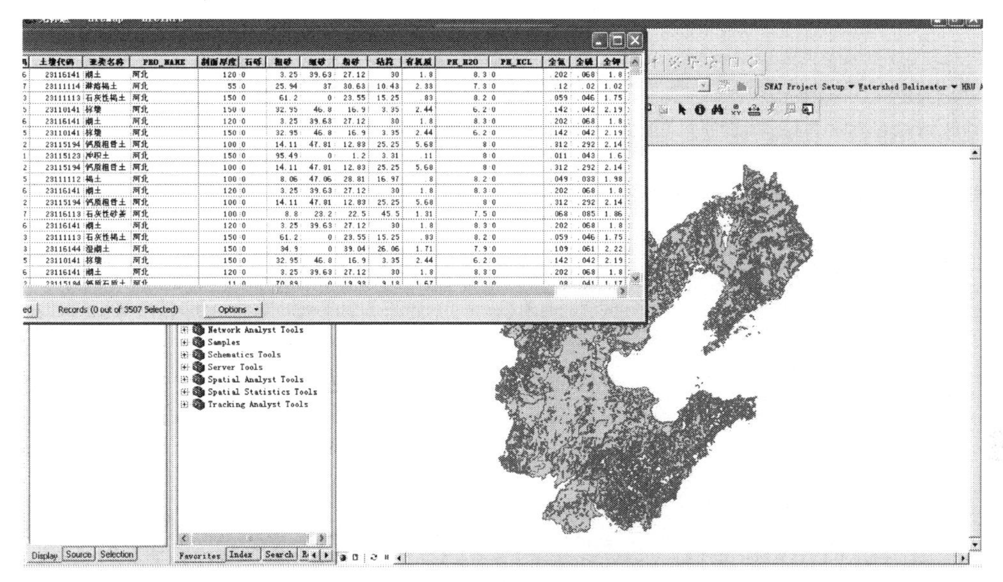

（a）土壤属性库（菜单）

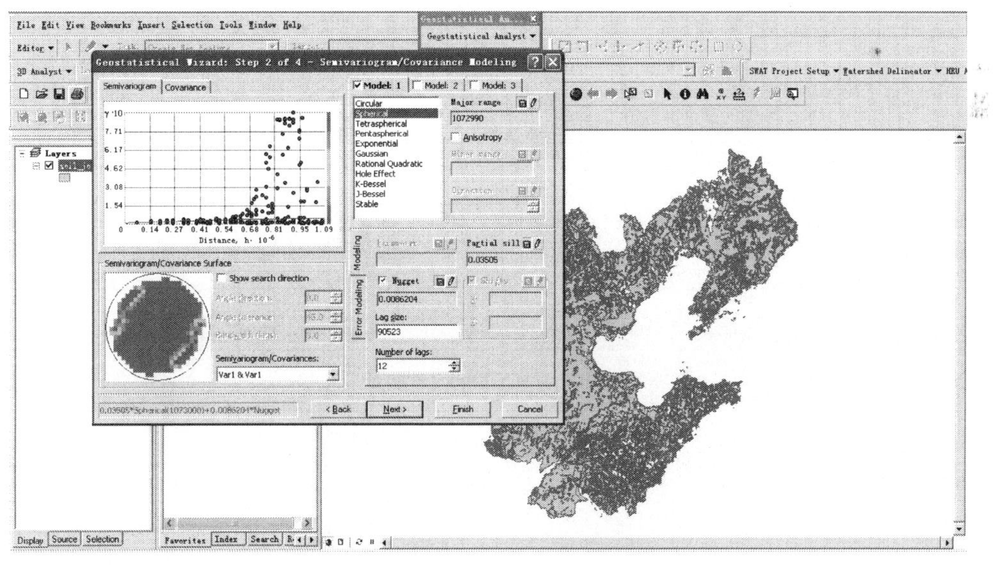

（b）土壤全氮半方差分布图

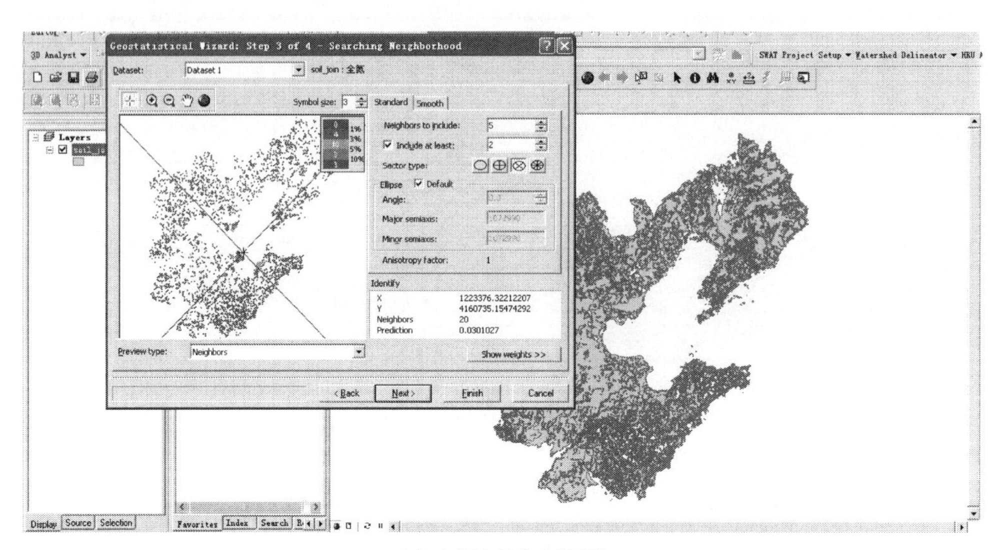

（c）土壤全氮分布值查询

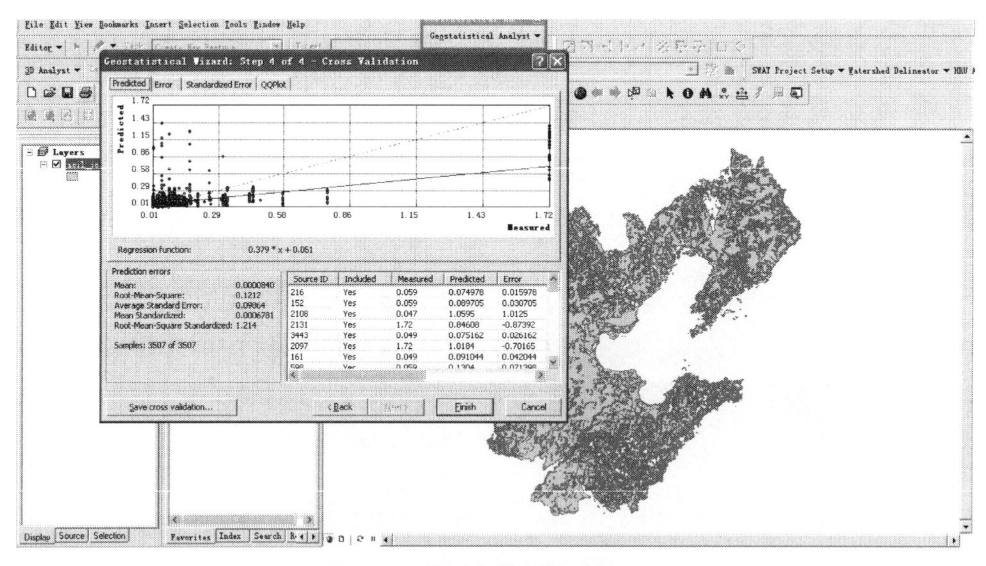

（d）土壤全氮样点统计分析

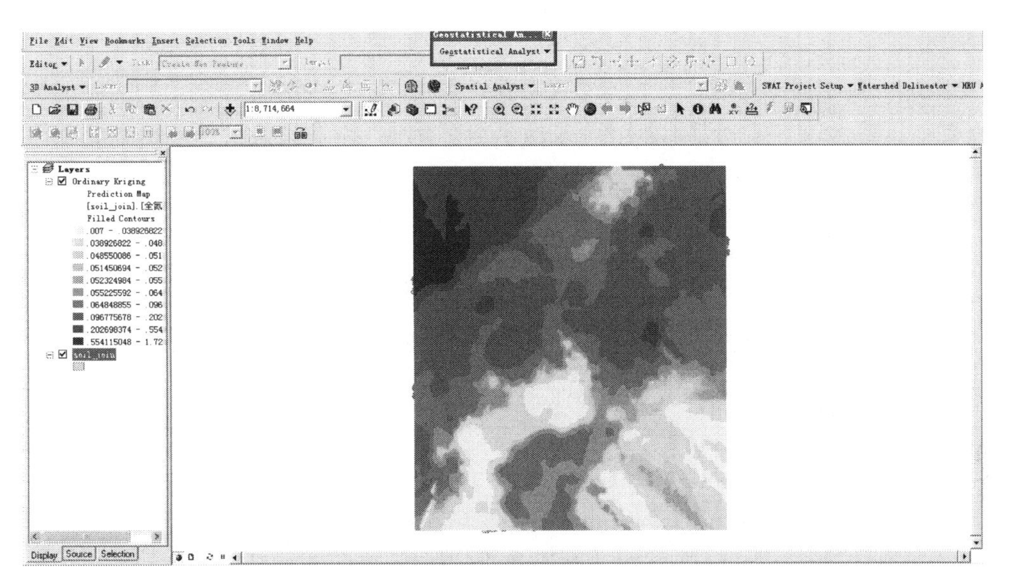

（e）土壤全氮插值（Kriging）图

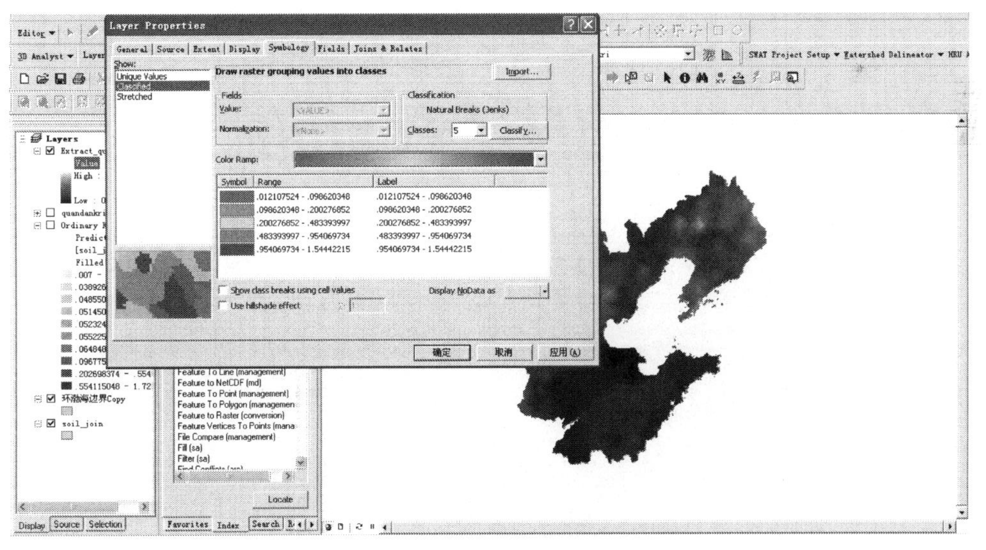

（f）土壤全氮区域栅格图

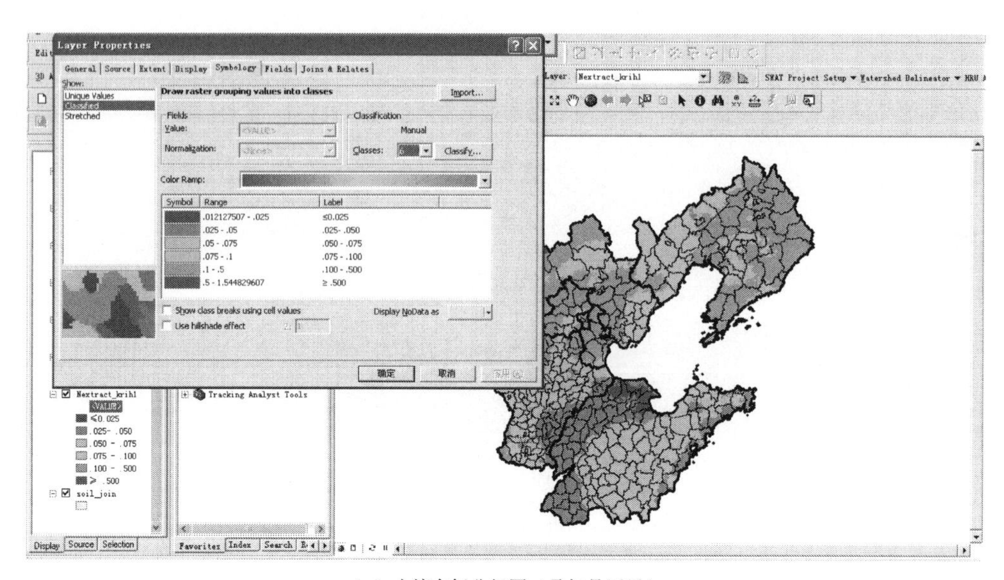

（g）土壤全氮分级图（叠加县区界）

图 4.4　环渤海地区土壤全氮分级研究过程图

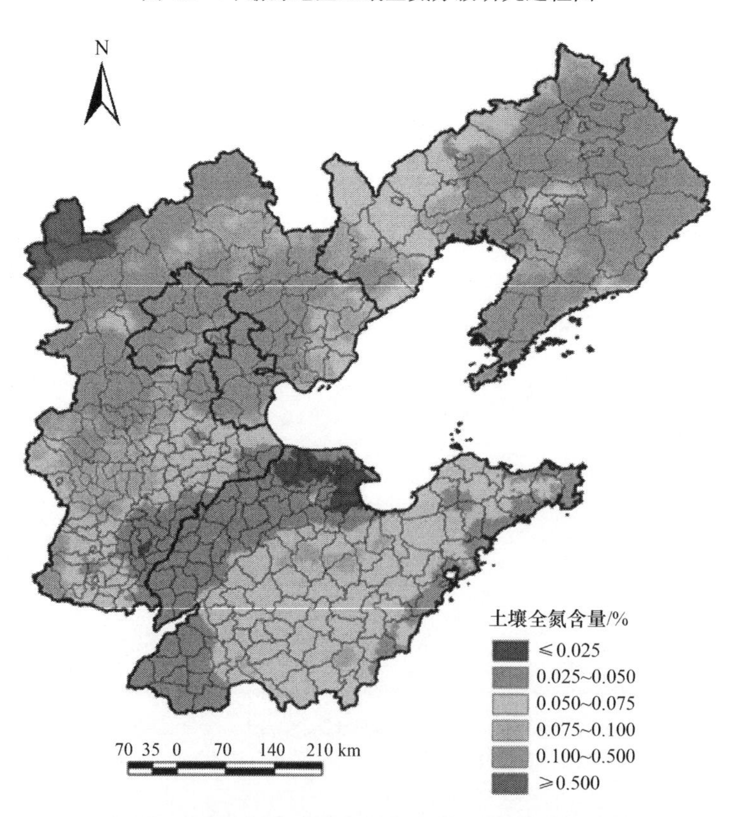

图 4.5　环渤海地区土壤全氮分级图（详见文后彩图）

和 27.58%；其次为 0.075%～0.100%和 0.025%～0.050%，斑块数量分别为 8953 个和 7130 个，比例分别为 18.29%和 14.56%；含量≤0.025%和≥0.500%的斑块数分别有 920 个和 677 个，比例分别为 1.88%和 1.38%（表 4.2）。

表 4.2　环渤海地区土壤全氮分级比例统计表

分级	分级标准/%	斑块总数/个	占比/%
1	≤0.025	677	1.38
2	0.025～0.050	7130	14.56
3	0.050～0.075	13504	27.58
4	0.075～0.100	8953	18.29
5	0.100～0.500	17774	36.30
6	≥0.500	920	1.88

对照分析表明：全区域土壤全氮含量分布趋势与土壤有机质含量的分布趋势具有相对一致性，即北部高于南部、中部相对较低。有机质含量高的土壤类型，其全氮含量也较高。因此，全区域土壤有机质含量与全氮含量之间普遍存在显著的正相关关系。

第 5 章　环渤海地区农田地域分区

由于环渤海地区各区所处的地理区位不同，气候差异、种植作物和耕作措施不同，按区域可提出不同作物的秸秆还田量及施肥量，有必要对环渤海农田进行分区研究。农田分区划分的范围大小有所不同，如果分区过大，必然在一个区间共性过小而分异较多；如果分区过小，在此基础上对全区域的研究过于繁琐，缺乏可操作性。确定区划系统和进行分区时，可根据对当地农业影响的重要性依次确定区划指标。主要根据农业种植结构、农业气候特征、农业耕作制度、农业土壤特征等因素进行分区，在分区评述中可概括本区的地理位置、所辖范围、地形、农业生产条件、水温因素、农作物种植情况。在同一级区划中，也要用主导指标和辅助指标结合的方法进行划区，通常选用地理位置、地形、物候、土壤等自然景观的差异作为补充指标。为此，根据研究区域的农田生态系统特点，采用系统分区法从大到小进行二级类型区划分。分区的主要目的是为确定不同类型区的秸秆还田量和施肥量，并分析其区域分布的差异性。

5.1　分 区 原 则

遵循地域分异、地域完整性和多级连续的基本分区原则，把主导因素与综合分析相结合、定性分析与定量研究相结合，同时以地理学的地域分异规律、生态学的系统关联原理，结合气候学、土壤学、环境科学和资源科学等多个学科的理论知识为指导。农业生态区域划分应遵循以下原则：①区域自然条件相对一致性原则，根据农业生态区内部地形地貌特征、农业气候条件相对一致性原则，结合区域生态系统结构、过程和景观格局的关系，进行生态区划，它是生态区划的基本依据。②农业生态环境的相似性和差异性原则，相似性主要体现在一定范围内的区域间环境要素的相似，以及区域环境分区间的差异，这是自然环境的客观反映；相似性主要体现在同区域内部的土壤类型、种植结构和施肥方式基本接近，农业生产水平和耕作方式基本类似；分区内部的差异性体现在允许区域内部在大原则下有其独特性。③区域完整性原则，为了研究区域的整体性及研究的系统性，区域的划分以不打破县域界线的完整性为原则。

5.2　分 区 方 法

根据环渤海地区的农业生态分区原则并结合区域农业生态环境特征，选择农业生态环境因子，并确定主导因素。采用的分区方法主要有综合分析法、主导因素法、叠加法和（聚类法）。根据区域分区主导因素的相关特性，本书选取了中国农业气候区划图、中国种植业区划图、中国土地利用区划图、中国化肥区划图、中国耕作制度区划图及中国土壤区划图，分别对各图进行数字化处理，针对研究内容的需要建立相关的图层，并分别对各图层进行编辑和叠加处理，根据分区原则和依据建立环渤海地域分区要素图（图 5.1）。拟定主因子叠置，链接环渤海地区县域矢量数据和属性数据，进行区域农田生态系统地域分区。

图 5.1　环渤海地区农业利用区划图

5.3 指标体系

根据区域农业生态区划的原则和依据，以及生态区划的主导因素，确定如下农田地域分区指标体系。

5.3.1 农业生态一级分区

主要以区域农业地域规律为基础，以区域地理位置、农业种植结构、农业气候、年均温、≥10℃积温等主导因素为主要划分依据，区域范围为北京、天津、河北、辽宁、山东（表 5.1），进而将环渤海的农业生态划分成 3 个一级分区（图 5.2）。环渤海地区属于东部季风农业气候大区，分为 3 个不同的农业区，它们大致呈东西方向延伸，按南北方向更替。

表 5.1 农业生态一级分区指标

农业生态分区	指标特征	区域范围
Ⅰ 中南部农业区	中南部；年均温大于 10℃；≥10℃积温为 3100～3400℃至 4250～4500℃；年降水量 500～900 mm；一年两熟或两年三熟制作物；主要农作物：冬小麦、玉米	北京、天津、河北南部及山东省
Ⅱ东北部农业区	东北部；年均温 10℃左右；≥10℃的积温为 1600～1700℃至 3100～3400℃；年降水量 600～1100mm；一年一熟制；主要农作物：玉米、水稻	辽宁（辽东半岛）
Ⅲ西北部农业区	西北部；年均温小于 10℃；≥10℃的有效积温小于 4000℃；年降水量 200～500mm；一年一熟制作物；主要农作物：春小麦、玉米	河北北部、辽宁西部

5.3.2 二级分区

二级分区主要根据地理位置的地带性差异、地貌类型、土地利用状况、土壤类型及养分情况的相对一致性为主要指标（表 5.2）区域范围为北京、天津、河北、辽宁、山东，在一级分区的基础上，将环渤海地区的农田划分成 7 个二级分区。

5.4 农田地域分区图编制

根据区域农田地域分区的原则、方法和指标体系，进一步利用农业土地利用区划图（图 5.1），并根据县域行政边界进行局部调整，最后将环渤海地区农田地域类型划分为 3 个一级区、7 个二级区（图 5.2）。

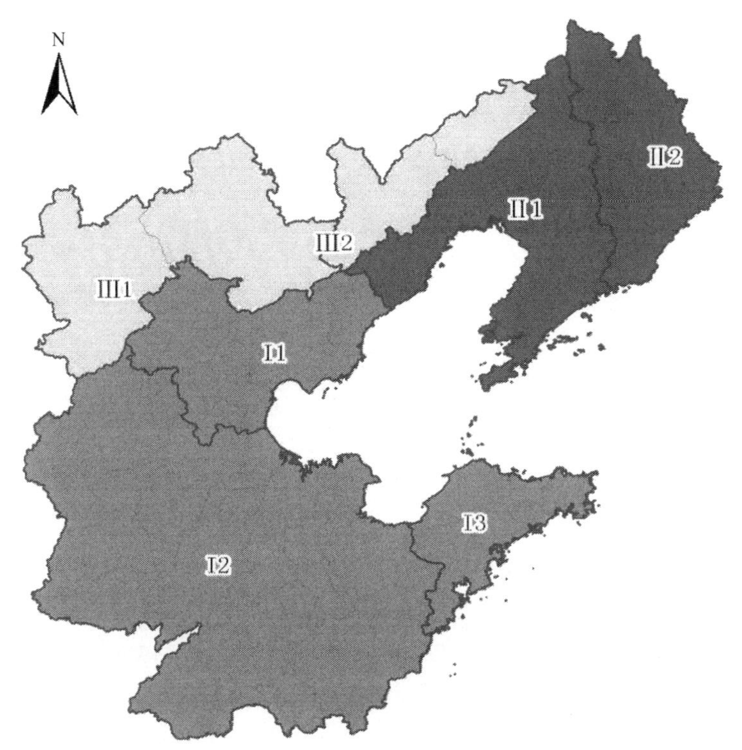

Ⅰ 中国南部农业区
Ⅰ1 京津唐低洼平原农业区
Ⅰ2 冀鲁平原农业区
Ⅰ3 山东丘陵农业区

Ⅱ 东北农业区
Ⅱ1 辽中南平原丘陵农业区
Ⅱ2 辽东山地农业区

Ⅲ 西北部农业区
Ⅲ1 冀北高原农业区
Ⅲ2 辽西丘陵农业区

图 5.2　环渤海地区农田地域分区图

表 5.2　农业生态二级分区指标

农业生态二级分区	指标特征	区域范围
I1 京津唐低洼平原农业区	平原地区；滨海缓平坡地和浅平洼地；潮盐土、褐土；氮肥中量	北京，天津，河北省秦皇岛、唐山、廊坊
I2 为冀鲁平原农业区	平原地区；土壤以棕壤、褐土、潮土为主；氮肥高量	山东省区域包括济南、淄博、潍坊、日照、德州、聊城、枣庄、东营、济宁、泰安、莱芜、临沂、滨州、菏泽等 14 个地级市；河北省区域包括保定、石家庄、沧州、衡水、邢台、邯郸 6 个地级市
I3 为山东丘陵农业区	丘陵区；土壤以棕壤和沙壤土为主；氮肥中量	山东省烟台、青岛、威海
Ⅱ1 辽中南平原丘陵农业区	平原、丘陵；土壤以东北黑土、草甸土、棕壤为主；氮肥中量	辽宁省大连、营口、盘锦、锦州、沈阳、辽阳、鞍山、葫芦岛

续表

农业生态二级分区	指标特征	区域范围
Ⅱ2 辽东山地农业区	山地区；土壤以草甸土、暗棕壤、白浆土为主；氮肥低量	辽宁省抚顺、本溪、丹东、铁岭
Ⅲ1 为冀北高原农业区	高原；土壤以棕壤、栗钙土、褐土；氮肥低量	河北省张家口、承德
Ⅲ2 辽西丘陵农业区	丘陵；土壤以褐土、棕壤、草甸土为主；氮肥低量	辽宁省朝阳、阜新

5.5 农田地域分区特征

5.5.1 一 级 分 区

I 区中南部农业区，主要分布在北京、天津、河北南部和山东。年降水量 500～800 mm，无霜期为 175～220 天。年均温大于 10℃，一年之中≥10℃积温及其天数的统计中，积温为 3100～3400℃至 4250～4500℃（160～220 天）。年降水量 500～800 mm，东部季风区温度与降水量的增减同步，水势同季，夏季温度高，降水量多，冬季温度低，降水量少。一年两熟或两年三熟制作物。主要农作物有：冬小麦、玉米、棉花、蔬菜等，是我国主要的粮食、蔬菜生产基地。

Ⅱ区为东北部农业区，主要分布在辽东半岛，无霜期为 80～180 天，一年之中≥10℃积温及其天数的统计中，中温带为 1600～1700℃至 3100～3400℃（100～160 天）。年均温约 10℃左右，干温湿季分明，全年湿度较大，一年一熟制作物。代表农作物有：春小麦、大豆、玉米、谷子高粱、甜菜等。

Ⅲ区为西北部农业区，主要分布在河北北部、辽宁西部。由半湿润向半干旱地区过渡的地带，雨量少而就变率大，无霜期 100～150 天，年降水量在 200～500 mm。年均温小于 10℃，≥10℃年有效积温小于 4000℃。农作物一年一熟，水热条件不够充足。农业主要种植各种旱杂粮（春小麦、玉米、高粱、谷子、莜麦、马铃薯等），耐寒油料（胡麻）及甜菜。

5.5.2 二 级 分 区

I1 京津唐低洼平原农业区，本区临渤海主要包括北京、天津、河北的秦皇岛、唐山、廊坊。土地总面积为 50704 km^2。地貌类型主要为滨海缓平坡地和浅平洼地，潜水埋藏浅。区内分布大面积的滨海潮盐士，盐碱危害严重，水资源贫乏。本区农业以种植业为主，主要种植小麦、玉米、大豆等作物。该区系由潮白河、蓟运河、滦河及其他较小河流的洪积、冲积扇复合而成。年均温 11℃左右，土壤以草甸褐土、淋溶褐土、褐土化潮土为主，土质肥沃，且区内河流众多，引灌方便，利于发展农业。但本区现有林地面积少，应重视农田林网绿化工程建设。应充分利用本区优势，发展农区牧业，利用丰富的农副产品资源和地理位置的优势，发展面向城市的农业商品生产体系，综合治理城市工业对环境的污染，加快恢复矿区生态环境。

I2 为冀鲁平原农业区，包括山东西部和河北南部。本区山东省的区域包括济南、淄博、潍坊、日照、德州、聊城、枣庄、东营、济宁、泰安、莱芜、临沂、滨州、菏泽等 14 个地级市，土地总面积为 127018 km^2；河北省的区域包括保定、石家庄、沧州、衡水、邢台、邯郸 6 个地级市，土地总面积为 83438 km^2，全区域土地总面积为 210457 km^2，是环渤海土地面积最大的区域，也是农业的主要生产基地。本区大部属黄河冲积平原，岗坡洼相间分布，微地貌类型较复杂。土壤以潮土为主，土层深厚，保肥保水及灌溉条件较好。本区属半干旱气候，降水偏少，年平均降水 612.9 mm，区内地表水数量较少，但地下水和黄河水较丰富。本区是小麦、棉花最大产区，也是蔬菜等经济作物的主要产区；区内农田林网和林粮间作发展很快，具有发展粮棉和多种经营的良好条件。同时该区域是环渤海地区化肥的重施用区。

I3 为山东丘陵农业区，包括烟台、青岛、威海。总面积 30171 km^2。主要区域为烟台的莱州，青岛的平度、胶州、胶南以东的丘陵区。本区地貌特征为岩穹断块低山丘陵。位于山东半岛的最东端，区内地形复杂，山丘平洼交错分布，山丘面积大，多棕壤土，土层薄，保肥保水性能差，肥力低。土壤以棕壤和砂砾质棕壤性土为主。地下水较贫乏，但地表水较丰富。本区是重要粮产区和花生集中产区，海洋渔业、柞蚕生产也大部分集中在这里，果品产量约占全省的一半以上。

Ⅱ1 辽中南平原丘陵农业区，包括辽宁省大连、营口、盘锦、锦州、沈阳、辽阳、鞍山、葫芦岛。本区属于温带季风型大陆气候。特点是春季干旱多风，夏季热而多雨，秋季短而晴朗，冬季长无严寒。年日照时数为 2270～2990 小时，年平均气温 7～11℃，无霜期 125～215 天，年降水量在 440～1130 mm。土壤以东北黑土、草甸土、棕壤为主，土壤自然肥力较高，是我国的主要粮食产区，种植业基本上是一年一熟，以水稻、玉米、大豆、高粱、小麦为主。由于地理区位好，自然条件比较优势，农业开发历史较长，农田水利基础设施齐全，耕地面积多，所以适宜发展农业生产，素有“粮仓”之称。土壤肥力较好，水稻、玉米是本区的主要粮食作物，种植业以一年一熟为主兼有一年两熟。

Ⅱ2 辽东山地农业区，包括抚顺、本溪、丹东、铁岭。本区属温带季风型大陆气候，地处辽宁东部山区属长白山余脉，呈东南高，西北低之势，境内山峦连绵起伏，森林茂密。年平均气温为 5～8℃，≥10℃积温平均为 2700～3200℃；无霜期为 130～160 天；年平均降水量为 760～900 mm；年日照时数为 2230～2520 小时。土壤类型主要为棕壤、黑土、草甸土。水源充沛，土壤肥沃，全年四季分明，雨量适中，适宜多种农作物生长。一年一熟栽培区，主要农作物有玉米、水稻、大豆及蔬菜等经济作物。

Ⅲ1 为冀北高原农业区，主要分布在燕山以北的河北北部张家口和承德地区，区域土地总面积为 74537 km^2。该区域地处华北平原和内蒙古高原的过渡带，横贯中部的燕山山脉，海拔在 600～1600 m，西北高、东南低。高原、山地并存，地形复杂，山峦起伏，丘陵与河谷盆地相间分布。冬冷夏热，四季分明，光照充足，雨热同季，灾害频繁，昼夜温差大。各地降水分布不均。地处干旱过渡区，农业生产条件较差，主要土壤类型为棕壤、栗钙土、褐土，土壤肥力较差，一年一熟栽培区，主要种植耐寒旱作物，杂粮、甜菜，肥力较差，产量较低。

Ⅲ2 辽西丘陵农业区，包括辽宁省朝阳、阜新市，土地总面积 30157 km^2。属于温带大陆性季风气候区。北部受蒙古高原高压影响较大，气候大陆性显著。东南部距渤海不到百千米，但受燕山山脉阻隔，南来暖湿气流不能顺入境内，所以形成半干旱半湿润的易旱地区。温度日差较大、降水偏少。年均降水量在 400 mm 左右，农业是其主要支柱产业，一年一熟制作物，玉米、春小麦及经济作物棉花、甜菜、向日葵、芝麻为主要农作物。氮肥低量施入的区域，其产量明显偏低。

第 6 章　农田土壤碳氮平衡定量评价

6.1　DNNC 模型简述

DNDC（DeNitrification–DeComposition）模型是美国 New Hampshire 大学发展起来的（Li et al.，1992），该模型是对土壤碳（C）、氮（N）循环过程进行全面描述的机理模型，可以用来模拟 C、N 等元素在土壤-植被-大气之间的迁移转化等过程，如 CO_2、N_2O 和 CH_4 等温室气体的排放及估算，以及土壤有机碳（SOC）的动态变化、NO_3^-的淋溶等，适用于点位和区域尺度的农业生态系统模型，是目前国际上较为成功的生物地球化学模型之一（Qiu et al.，2005；Smith et al.，1997；Li et al.，2007）。在 2000 年亚太地区全球变化国际研讨会上，DNDC 被指定为在亚太地区进行推广的首选生物地球化学模型（Smith et al.，1997）。DNDC 模型在世界范围内已有广泛的应用研究（Li et al.，2002；邱建军等，2004；Qiu et al.，2005；Tang et al.，2006；李虎等，2008），该模型由 6 个子模型构成，分别用以模拟土壤气候、农作物生长、有机质分解、硝化、反硝化和发酵过程。其中，土壤气候子模型（soil climate）是由一系列土壤物理函数组成，根据每日气象数据及土壤-植被条件来计算土壤剖面各层的温度、湿度、pH 及 Eh；作物生长子模型（plant growth）根据作物种类、气温、土壤湿度、管理措施（如农田施肥、浇水、犁地、收割、草地放牧等）来计算光合作用、自养呼吸、光合产物分配、水分及 N 吸收，从而预测作物的生长和发育；有机质分解子模型（decomposition）描述了土壤有机质的产生和分解，以及部分有机碳转化为 CO_2 进入大气；硝化和反硝化子模型（denitrification and nitrification）决定了 N_2O 和 NO 这两种气体的产出率，并且计算由 NH_4^+转化为硝态氮（NO_3^-）的速率。发酵子模型（fermentation）模拟在土壤淹水条件下甲烷（CH_4）的产生、氧化及传输（Li et al.，1992，1994，2004，2007）。

DNDC 模型主要模拟点位尺度（site scale）和区域尺度（regional scale）的生物地球化学过程。当在进行任一点位模拟时，需要有该点位气象、土壤、养分等输入参数的支持。这些参数具体包括逐日气象数据（气温及降水）、土壤性质（容重、质地、初始有机碳含量及 pH）、土地利用（农作物种类和轮作制度）和农田管理措施（翻耕、施肥量及时间、灌溉量及时间、除草、秸秆还田和人畜粪尿比例等)。DNDC 读取所有点位的输入参数之后，即开始模拟运转，在时间步长上可以以一年或多年来设定模拟。模型首先计算土壤剖面的温度、湿度、氧化还原电位等物理条件及碳、氮等化学条件；然后将这些条件输入到植物生长子模型中，结合有关植物生理及物候参数，模拟植物生长；当作物收割或植物枯萎后，DNDC 将残留物输入有机质分解子模型，追踪有机碳、氮的逐级降解；由降解作用产生的可给态碳、氮被输入硝化、脱氮及发酵子模型中，进而模拟有关微生物的活动及其代谢产物，包括农田温室气体排放以及 N 淋溶。DNDC 区域模型则由区域性的输入数据库来支持，即把点位模型所需要的输入参数由各种原始资料收集后以县为单位编入一个 GIS 数据库（一个县为一个记录）。将区域依据相应的条件划分为许多县域单元，并认为每一单元内部各种条件都是均匀的，模型对所有单元逐一进行模拟，最后加和求得区域模拟结果。

输入参数主要包括：①地理位置（模拟单元的编码、经纬度、模拟的时间尺度)；②土壤，包括土壤容重、pH、酸碱度、有机质含量，田间持水量和萎蔫点、导水率，土壤表层土初始有机质含量，有机质的组成部分（枯枝落叶、活性有机质和惰性有机质等）所占的比例及各部分的碳氮比、总碳氮比，表层土壤的均一有机碳含量的深度和有机碳的下降速率，土壤初始硝态氮和铵态氮含量、土壤含水量，微生物活动系数，坡度，是否存在浅层地下水；③农田植被，包括农作物种类、复种或轮作类型；④耕作管理，包括播种与收获日期，最佳作物产量，地上部生物量在根、茎、叶及籽粒的分配比例及各部分的碳氮比，每千克干物质的耗水量，作物地上部分还田的比例犁地次数、时间及深度，化肥和有机肥施用次数、时间、深度、种类及数量，灌溉次数、时间及灌水量，除草及放牧时间及次数；⑤气象，包括日最高气温、最低气温和日降水量、大气中 NH_3 和 CO_2 的背景浓度和 CO_2 的年增加速率、降水中的 NO_3^- 和 NH_4^+ 含量。

6.2 数据来源与处理

研究基础数据和相关资料的收集与整理，是深入开展定量分析与评价研究的基础和重要环节。所需资料的丰缺程度与精度将对相关定量研究的顺利完成及结果的准确性产生重要影响。本书涉及的主要数据包括以下 5 个方面。

6.2.1 图 形 数 据

本书收集的图形数据，主要包括研究区各县域行政区划图、土壤类型图、土地利用图。农田生态系统碳氮平衡的研究是基于环渤海地区的县域单元而开展的，所有定量评价结果的空间表达都是基于县域行政区划图，按照评价结果及成果表达的需要还进行了矢量数据的分级处理。

6.2.2 调查数据

本书使用的调查数据主要包括对研究区农作物的耕作、无机肥的投入、秸秆还田，以及畜禽等有机肥回收利用情况的专项调查。养分投入对农田生态系统的生态平衡影响非常大，有机肥还田日益成为农业生态系统内部过程的重要环节。但是，在人为干扰下，秸秆还田比例与畜禽粪尿，以及人粪尿的回收利用率都不可能是 100%。因此，为了计算有机肥（秸秆与粪尿）的还田比率，需要调查各个地区到底有多少粪尿被回收利用、有多少秸秆还田。考虑本书是评价环渤海地区各个县的农田生态系统的平衡情况，而且不可能逐地进行调查，因而采取了信函调查的方式，并结合公开发表的文献资料与专家咨询的方式综合进行。信函调查的对象是各地市农业方面的专家和技术人员。典型调查的内容主要包括小麦、玉米、水稻等作物秸秆的还田情况，以及大牲畜、猪、羊、家禽等的粪尿的回收利用情况。

6.2.3 统计数据

深入开展宏观区域的差异性研究，需要有区域年度农业生产方面的相关统计数据。本书使用的农业统计数据，主要涉及区域耕地面积、作物播种面积、氮肥纯量、作物产量与畜禽数量等项指标（表 6.1），这些数据主要来源于研究区域 2008 年分县域的农业统计数据（中国农业科学院信息中心）和土地利用现状统计资料。

表 6.1　模型数据需求列表

时间	主要指标				
	人口	耕地	肥料	畜禽数量	作物类型
2008 年	总人口、农业人口	年末实有的耕地面积、各作物播种面积，以及农作物有效灌溉面积	化肥、氮肥纯量	大牲畜年末存栏数、牛年末存出栏数、猪年末存出栏数、羊年末存出栏量、禽蛋产量（换算数量）	玉米、冬小麦、大豆、燕麦、高粱、棉花、蔬菜、马铃薯、甜菜、水稻、花生、油菜、烟草、谷子、向日葵、豆类、麻类
空间范围	包括环渤海地区的 333 个县域单元				

6.2.4 农业统计数据的检验与校正

本书农业统计数据，主要来源于中国农业科学院信息中心提供数据。以县域为单位的农业统计数据，由各县（市）逐级上报，最后集中统计而成。由于数据量大且涉及的县域单元较多，在数据收集与处理过程中难免出现问题，所以有必要对所获得的宏观数据进行校正。宏观农业统计数据的检验与校正是指通过利用适当的方法，找出数据序列中对研究结果的可靠性可能产生不良影响的数据项，然后利用科学方法进行数据修正，使之能反映事物的真实状况，以满足本书对基础数据质量的要求。

在本区域农业统计数据检验过程中，发现了出现错误的原因主要有以下几个方面：一是录入错误，数据在进行计算机录入过程中难免会出现差错，如由于某个数据的错行，可能会导致整个统计区域的所有数据都出现错误；二是在数据统计过程中出现的错误，如在氮肥的统计中，有些县（市）用氮量而有些县（市）选用氮纯量来统计，选取的标准不同。

在对宏观农业数据进行检验时，为保证研究结果更加合理、可靠，作者对研究中涉及的农业宏观统计数据进行了多次认真核对，对存在的个别问题，通过与原国土资源部公布的县域土地利用详查变更数据、各地统计年鉴及地级市区域统计数据等对比分析进行修正。使用的方法主要包括以下 3 个方面。

1. 异常值观察法

在某一数据列中，数值的大小明显异常的做出标记，然后与相关数据进行核对，排除数据录入错误，再对数据进行适当修正，如当某县的耕地面积与其播种面积相比值较大时，那么该县农业数据存在异常值，有必要对其各值进行核对。

2. 包含原则

各种作物的种植面积的加和值一定等于或小于总播种面积。

3. 比例核算

有些地区没有数据或者数据严重不全，在这种情况下把往年县级各作物占总作物的比例作为核算值，并用地级市各相关统计数据为基数进行比例核算。例如，以往年县级各作物占总作物的比例为参照率，以当年（模拟年）的地级市总量为基数，与各作物往年的参照率相乘，所得的结果为当年各作物值。虽然这种办法有不准确性，但为了数据库建立的完整性，有必要采取一定的方法保证数据的完整。

对农业统计数据进行检验和校正的数据主要来源于各县（市）、地级市农业统计年鉴、区域经济发展年鉴，以及原国土资源部的土地利用详查变更数据。校正后的数据既保证了时间和空间上的发展变化趋势，又保证了数据之间具有的严密逻辑性，能够用于区域宏观农业问题的定量研究，并对政府农业生产的宏观决策具有重要意义。

6.2.5　文献资料中数据的提取

本书立足于宏观层面，对环渤海地区 333 个县域单元进行研究，研究单元越多，地区差异也就随之越多，因此在调研的同时，还需要广泛搜集已经公开发表的文献上的数据作为补充。主要从 20 世纪 80 年代以来，国内外在农田养分循环和平衡领域做了大量的田间试验（陈肖等，2007；朱兆良，1985；鲁如坤等，1996a，1996b，1996c；谢迎新，2006；邓美华等，2007；苏成国等，2005；王激清等，2007；方玉东等，2007；Qiu et al，2009；Tang　et al.，2006）。

为了给农田生态系统平衡宏观问题的研究提供重要借鉴，本书主要参考了已经公开发表的若干文献数据和资料，使本书结果更具体、真实与可靠。

6.3　DNNC 模型数据库的建立与模型运行方案

DNNC 模型数据库涉及大量的宏观统计数据及微观数据，在利用模型模拟前建立模型数据库是一项耗时而又需要耐心细致的工作，数据库建立的准确性与合理性影响到模型的正常运行及数据结果的实用性。

6.3.1　DNNC 模型数据库的建立及链接

DNDC 模型实现区域模拟过程就是完成点位模拟和数据库系统的有效连接过程，通过点位模型有效读取数据库中的数据，并逐一运行模型的过程。当模型的预测由点位扩展到区域时，实际上将此区域划分为许多小单元，并假定每一个小单元内所有土地利用类型所拥有的土壤、气候条件等都是均匀的，然后 DNDC 以划分的小单元为最小模拟单元，其中各小单元又以每一土地利用类型为一个最小运行单位，模型逐个运行所有土地利用类型（包括单作和复种），所有土地利用类型的某一个指标模拟结果值（如作物产量）总和为该指标在这一单元内的值，各单元值的总和为整个区域的结果。

1. 区域基本模拟单元的划分

要实现 DNDC 的区域模型，必须首先对研究区域进行合理的空间单元划分，划分的结果既要利于计算机模拟，以便揭示微观上的机理，也要便于宏观上的规划和管理；另外，模拟单元的划分还要适用于不同的空间尺度，如果选用的尺度过大，由于必然发生过多的信息综合因而会导致信息量的一定损失，而使结果显得太粗；相反，如果尺度太小，则不利于揭示整个流域范围内碳氮的空间总体分布规律。

环渤海地区包括三省二市，模拟单元主要选择有地理行政边界的县为最小模拟单元，全区域共划分为 333 个空间单元，划分为 7 个区分别建立数据库。主要考虑到以县域为基本单元，构建模型所需要的基础数据能够从统计资料中获取，而且在与 GIS 的集成过程中有利于土壤数据、管理措施及气象数据等实现空间链接。但存在的问题是县域单元内模拟的土壤数据、气象条件及耕作制度等认为是均匀分布的，这与实际农业生产中的差异性是相悖的，只是从大区域来考虑这种问题还是可以忽略的。

2. 数据库的建立与 GIS 集成

数据库是模型进行区域模拟的关键。对于区域的模拟，建库工作量大且复杂，而且最终目的是实现区域模型参数的空间化，由于模型要求的输入变量具有不同的空间差异，因此将单一的变量取值作为输入来模拟区域状况明显是不合适的。此时需要借助 GIS 技术将变量的空间差异加以量化和标准化，然后利用模型的处理方法计算得出最终结果。

地理信息系统是一种在软硬件支持下，具有输入、集中、存储、管理、显示、综合分析、输出地理信息能力的计算机系统，是分析和处理海量地理数据的通用技术（陈述彭等，2000）。本书采用的 GIS 软件为 ESRI 公司的 ArcGIS 操作软件，使用的是 Arcinfo9.0，它分为 Desktop 和 workstation。Desktop 是 Windows 应用程序，提供可视化操作菜单，符合 Windows 程序标准；workstation 是 DOS 界面程序，是早期 Arcinfo 版本的延续，同时使用这两个版本，workstation 主要用于图形数据的编辑修正、数据格式的转换及新数据的生成等，Desktop 用于空间分析和制图等。

数据集成的基本方案，是借助于比例尺为 1∶100 000 的环渤海县级行政边界空间数据，通过字段间的一一对应关系建立统计数据与行政边界空间数据之间的链接。首先对统计资料进行整理，使之与行政边界空间数据相匹配，同时根据统计年鉴对数据进行合理性检查和校正，然后通过县名编码建立空间数据与统计数据库的一一对应关系，得到具有行政区划空间索引的统计数据。以县名编码为公共字段实现空间数据与统计数据（及属性数据）的链接，并以此为基础，按照 DNDC 模型输入格式的要求，把区域模型所需要的输入参数由各种原始资料收集后以县域为基本单位编入 GIS 数据库，作为 DNDC 模型的输入参数。

支持模型运行的数据库一般包括两个部分：一部分储存直接与地理坐标有关

的数据，如地形、气候、植被类型、土壤类型等；另一部分是储存与地理坐标没有直接关系的数据，如农作物生理特性、土壤理化性质、耕作制度、化肥种类和牲畜类型数量等，前一部分数据一般存为 GIS 格式，以便于通过地理坐标调用；后一部分数据存为普通数据格式，在模型运转过程中根据需要自动调用。当基本模拟单元确定之后，就以基本单元的 ID 为指引（在区域 GIS 数据库中所有数据库文件中每条记录都有一个代码，即单元的 ID），逐个建立相应 ID 所在记录的数据库（李长生等，2003；2004）。在本书中，GIS 数据库包括日气象数据、大气氮沉降量、土壤性质、分类农作物面积。除 GIS 数据库外，DNDC 运转还需要作物参数数据库（library database）。

本书数据库建立选取了研究区域 2008 年分县域数据，选用模型时间的步长为天，计算时间为一年，因此在给予文件命名时，为了易于循环调用文件与方便提取数据，气象数据库以年号命名文件名，其他 GIS 数据库以区域分类号的方式来命名。

3. 主要数据库及其构建

1）气象数据库

DNDC 模型所需要的气象数据由 2008 年每日的最高、最低温度和降水量构成。数据来源于中国国家气象局国家气象信息中心，环渤海三省二市共计 82 个国家有效台站（图 6.1）。将数据转换成模型运转所需要的每日气象数据单位，序列号以 1～366 天来排列，并以区站号来命名每个台站信息，存储类型为文本。考虑到全区域并不是每个县都有国家地面气象台站，按照地域就近共享的原则来建立各县域气象数据。

2）土壤数据库

土壤数据库资料主要来源全国第二次土壤普查数据及《中国土种志》，包括土壤容重、黏粒含量、土壤有机碳含量和 pH 在每一模拟单元中的最小值和最大值，所有模拟单元的值就组合成了模型运转所需要的土壤数据库。考虑到模型运行的前提就是每个模拟单元内部各种条件都是均匀的，这一假设是不符合实际情况的，为了减小或消除由土壤参数空间异质性带来的误差，在模型运转过程中，把每个模拟单元的土壤属性（土壤容重、SOC 含量、pH 和黏粒含量等）赋予两个值（最大值和最小值），模型将自动分别选择灵敏因素在该单元中的最大值和最小值各运行一次，就会得到该单元的一个模拟值的范围。例如，对该单元进行模拟时，运转 DNDC 两次，第一次用最轻质土壤（壤质沙土），可产生氮淋失量的一最大值；第二次用最重质土壤（黏土），可产生氮淋失量的一最小值。因此由土壤质地的变

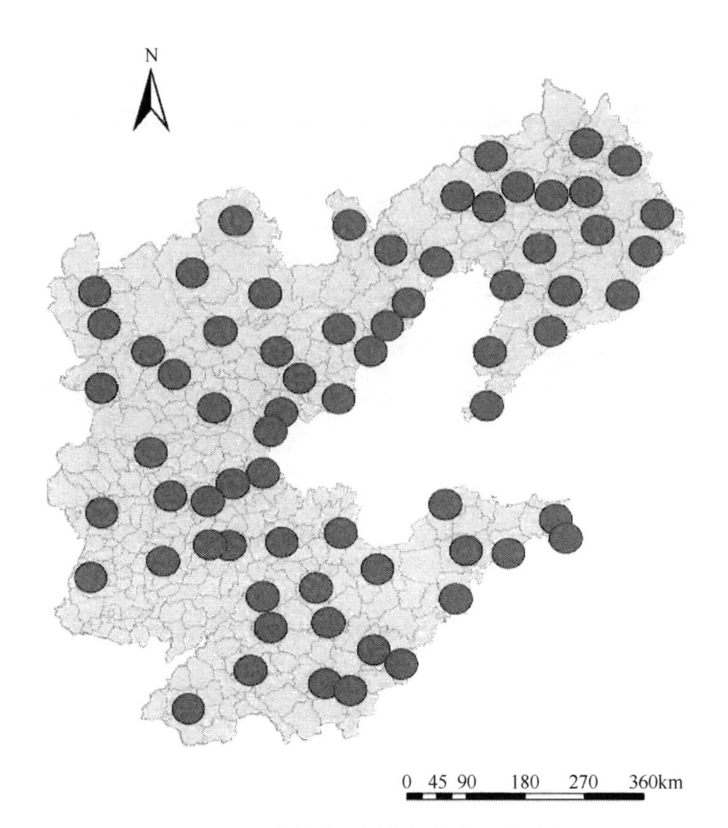

图 6.1 环渤海地区国家气象台站的分布

化而产生的最大和最小的淋失量构成了一个区间，这一区间涵盖了其他因子变化所造成的淋失量变动。用这个区间来表达区域模拟结果，以减少区域均值所带来的误差。

3）农田土地利用类型数据库

该部分数据主要由区域每一单元内农田各种土地利用类型的播种面积建立。DNDC 模型的土地利用类型数据库中目前包括 28 种单种作物和 30 种复种作物土地利用类型，如水稻、玉米、小麦、甜菜、蔬菜、夏玉米/冬小麦轮作、冬小麦/蔬菜轮作等。农田作物的播种面积数据来源于各县农业统计年鉴，但统计数据里只有单种作物的播种面积，而没有农业实际生产中复种作物的播种面积，因此应用 Qiu 等（2003）开发的全国统计数据转换为模型输入参数的程序，根据环渤海地区实际农业生产情况转换成模型所需要的数据类型。环渤海地区土地利用类型数据库主要由 18 种单种作物和 19 种复种作物构成，如冬小麦、玉米、水稻、蔬菜、夏玉米/冬小麦轮作、蔬菜/蔬菜/蔬菜轮作等。

4）农田作物耕作管理数据库

包括作物施肥量数据库、灌溉数据库、作物种植和收获日期数据库及作物施肥日期数据库。作物耕作管理数据库是在农田土地利用类型数据库的基础上建立。

农田作物施肥量数据库是由各单种和复种作物的单位面积施肥量（kg/hm^2）建立。在各县统计年鉴中的数据中只有氮肥施用总量，而没有每种作物，特别是复种作物的施肥情况，只能根据氮肥总量并结合调查当地农民实际生产状况、各种作物的氮肥投入量进行调整核算。作物种植和收获日期及施肥日期均来自于区域调查数据。作物灌溉数据库来源于统计年鉴中的有效灌溉面积，并通过转换程序得到灌溉数据。模型中以灌溉百分比来定义灌溉量，灌溉百分比为 0～100，值越大表明灌水量越充足。

5）农田作物参数数据库

这部分与上述数据库的主要区别是 DNDC 模型界面调整，而不是单独建立数据库。农作物数据库容纳各类农作物的生理及物候学参数，包括作物的有关生理参数（活动积温、最大叶面积指数等），以及播种期、收获期、最大产量等种植制度参数用来支持 DNDC 根据气象条件模拟农作物的发育与生长；农田管理数据库用来支持 DNDC 模拟各种农田管理措施对农作物生长及土壤生物地球化学过程的影响，包括各类农作物的秸秆及有机肥还田率、耕耘、灌溉、除草时间及方法。

6）畜禽数据库

数据库由畜禽及农村人口量建立。数据来源于各县统计数据中各牲畜及家禽存出栏数及农村人口数，通过运行数据转换程序，得到了每个单元畜禽量建立相应数据库。

6.3.2　模型基本参数设置及运行方案

由于环渤海地区涉及不同的地理位置，农业气候条件不同，各地的耕作与管理方式存在差异性，主要作物类型不同，为了模型模拟与实际生产尽可能的吻合，所以在上章节中把整个区域分为 7 个农业区，相同的区域其农业生产模式基本一致。

1. 数据准备

在建立各作物单作和轮作数据库前，首先根据数据资料（数据来源于中国农业科学院资源与区划所收集的统计数据及各省的统计年鉴和当地的农业调查数据）统计每个县域单元耕地面积和各种作物播种面积和的差异。如果耕地面积大于总播种面积，超出的耕地面积被分配到休耕类；如果总播种面积大于耕地面积，播种面积超出面积设定为作物的复种面积，并分出区域农作物的轮作类型。表 6.2 为各个区域农作物的主要耕作类型。

表 6.2 环渤海地区农作物耕作类型

农业生态二级分区	区域范围	作物类型
I1 京津唐低洼平原农业区	北京、天津，河北省秦皇岛、唐山、廊坊	玉米、冬小麦、大豆、燕麦、高粱、棉花、蔬菜、马铃薯、甜菜、水稻、花生、烟草、谷子、向日葵、豆类、麻类、冬小麦/玉米、蔬菜/蔬菜/蔬菜、蔬菜/蔬菜/马铃薯、水稻/水稻/蔬菜
I2 为冀鲁平原农业区	山东省区域包括济南、淄博、潍坊、日照、德州、聊城、枣庄、东营、济宁、泰安、莱芜、临沂、滨州、菏泽 14 个地级市；河北省区域包括保定、石家庄、沧州、衡水、邢台、邯郸 6 个地级市	玉米、冬小麦、大豆、燕麦、高粱、棉花、蔬菜、马铃薯、甜菜、水稻、花生、油菜、烟草、谷子、向日葵、豆类、麻类、冬小麦/玉米、冬小麦/甜菜、冬小麦/水稻、冬小麦/蔬菜、冬小麦/大豆、玉米/玉米、蔬菜/蔬菜/蔬菜、蔬菜/蔬菜/马铃薯、水稻/水稻/蔬菜、甜菜/谷子、甜菜/豆类、甜菜/高粱
I3 为山东丘陵农业区	山东省烟台、青岛、威海	玉米、冬小麦、大豆、燕麦、高粱、棉花、蔬菜、马铃薯、甜菜、花生、烟草、谷子、向日葵、豆类、冬小麦/玉米、冬小麦/蔬菜、蔬菜/蔬菜/蔬菜、蔬菜/蔬菜/马铃薯
Ⅱ1 辽中南平原丘陵农业区	辽宁省大连、营口、盘锦、锦州、沈阳、辽阳、鞍山、葫芦岛	玉米、大豆、春小麦、燕麦、高粱、棉花、蔬菜、马铃薯、甜菜、水稻、花生、油菜、烟草、谷子、向日葵、豆类、蔬菜/蔬菜/蔬菜、蔬菜/蔬菜/马铃薯、水稻/水稻/蔬菜
Ⅱ2 辽东山地农业区	辽宁省抚顺、本溪、丹东、铁岭	玉米、大豆、春小麦、燕麦、高粱、蔬菜、马铃薯、甜菜、水稻、花生、烟草、谷子、向日葵、豆类、水稻/水稻/蔬菜
Ⅲ1 为冀北高原农业区	河北省张家口、承德	玉米、大豆、春小麦、燕麦、高粱、蔬菜、马铃薯、甜菜、水稻、花生、油菜、烟草、谷子、向日葵、豆类、麻类
Ⅲ2 辽西丘陵农业区	辽宁省朝阳、阜新	玉米、大豆、春小麦、燕麦、高粱、棉花、蔬菜、马铃薯、甜菜、水稻、花生、烟草、谷子、向日葵、豆类、麻类、玉米/大豆、玉米/玉米、蔬菜/蔬菜/蔬菜、蔬菜/蔬菜/马铃薯、甜菜/谷子

在辽东山地和冀北高原农业区几乎没有复种作物。辽西丘陵农业区有少量作物轮作，主要是玉米与大豆，以及蔬菜的三重轮作。各种作物类型主要集中在冀鲁平原农业区，作物种类及耕作具有多样性，单种、复种和三重种植模式较为丰富，表现为冬小麦与其他作物的复种及蔬菜间的三重耕作方式，这也是环渤海地区主要粮食作物和经济作物种植区。

2. *基本参数设置*

由于环渤海地区地理位置及耕作制度等农业生产的差异性，模型的一些影响土壤碳氮循环的重要农田管理参数需要做相应设置：①秸秆还田率的设置（作物地上部分秸秆除去籽粒）。还田率的大小越接近区域实际生产状况，模型模拟的准确性就越高。秸秆还田率主要来源于农业部数据、已发表的文献（刘光栋和吴文良，2003；毕于运，1995；王立刚和邱建军，2004；邱建军和秦小光，2002；邱建军等，2008；2004；王方浩等，2006）及调查数据如表 6.3 所示。②畜禽粪便是农田中有机碳的重要来源，假设该地区有20%畜禽粪便均匀地还田到所有农田中（邱建军等，2008），就具体某一个地区来看，此假设可能偏低或偏高，但考虑到模拟描述的是大区域的平均情况，此值应该还是比较合理。模拟参数设置尽可能保证与实际农业生产相吻合，以便提高模型模拟结果的准确性，更好地为农业生产和决策服务。

表 6.3　2008 年环渤海各区秸秆还田率

分区	农业生态分区	秸秆还田率
1 区	I1 京津唐低洼平原农业区	0.50
2 区	I2 为冀鲁平原农业区	0.60
3 区	I3 为山东丘陵农业区	0.45
4 区	II 1 辽中南平原丘陵农业区	0.40
5 区	II 2 辽东山地农业区	0.28
6 区	III1 为冀北高原农业区	0.35
7 区	III2 辽西丘陵农业区	0.25

3. 模型运行方案

区域模型以县为最小区域单位，其中各县又以每土地类型为最小运行单位，所有土地利用类型（与各自面积的乘积）的某一指标总和为该指标的县值，各县总和为整个区域的结果。每一土地利用类型以土壤有机质最高、最低本地值分别运行模型 2 次，取平均值：①由于不同类型肥料氮素在土壤中存在和转移的形式和性质截然不同，在知道施氮总量情况下，选择按肥料类型去分配氮素是必要的。DNDC 模型能够模拟不同类型肥料态氮素在土壤中的行为，假设所施氮肥中 40%为尿素［CO（NH_2）$_2$］，40%碳铵（NH_4HCO_3）和 20%磷铵［（NH_2）$_2HPO_4$］，以此去分配施氮总量。②作物秸秆还田（根茬全部还田，除去籽粒后地上部分）比例见表 6.3，按照七个区分别设置运行模型。③粪便是农田中有机碳的重要来源，结合调查，假设该地区有 20%畜禽粪便均匀地还田到所有农田中，就具体某一个点来看，此假设可能偏低，但考虑到模拟描述的是大区域的平均情况，此值应该还是比较合理。④假设每茬作物主要耕作 2 次，即播前翻地 20cm 深，收获后翻地 10cm 深。

6.4　农田土壤碳氮平衡评价

在进行区域农田土壤碳氮平衡评价过程中，为了增强分析研究的针对性、具体性，需要选取区域农作物中的优势作物作为主要研究对象。环渤海地区是全国重要的粮食主产区，主要粮食作物有小麦和玉米。2008 年，全国小麦、玉米的播种面积比例占全国粮食作物播种面积的 50.08%，而环渤海地区的小麦、玉米比例占到粮食作物播种面积的 84.16%，远高于全国的平均水平。环渤海地区小麦、玉米的比例分别为 36.73%、47.43%，玉米播种面积比例高于小麦，特别是辽宁省主要以生产玉米为主，因而玉米是该研究区域的主要优势作物。

DNDC 区域模块对单元单种及轮作作物，以及畜禽分别模拟运行。从而得到各县域单元作物的 CN 量，如休耕、玉米、冬小麦、春小麦、大豆、燕麦、高粱、棉花、蔬菜、马铃薯、甜菜、水稻、花生、油菜、烟草、谷子、向日葵、豆类、麻类、冬小麦/玉米、冬小麦/甜菜、冬小麦/水稻、冬小麦/蔬菜、冬小麦/大豆、玉米/玉米、蔬菜/蔬菜/蔬菜、蔬菜/蔬菜/马铃薯、水稻/水稻/蔬菜等。对分县域农田碳氮量模拟结果，进一步叠加农田地域分区界，并进行分区分析，形成 2008 年环渤海地区各区碳氮量统计总表（表 6.4）。

表 6.4　2008 年环渤海地区各区碳氮量

环渤海各区	农田土地面积/hm^2	化肥 N /（kg/hm^2）	N_2 /（kg/hm^2）	N 盈亏量 /（kg/hm^2）	SOC /（kg/hm^2）	秸秆 C /（kg/hm^2）	DSOC /（kg/hm^2）
$Ⅰ_1$京津唐低洼平原农业区	2317891	202	18	112	23242	2065	1834
$Ⅰ_2$冀鲁平原农业区	10320818	277	22	117	25064	2805	2368
$Ⅰ_3$山东丘陵农业区	1155666	234	57	83	66907	2295	1380
$Ⅱ_1$辽中南平原丘陵农业区	2285936	173	48	88	61147	1391	749
$Ⅱ_2$辽东山地农业区	918821	156	59	46	90483	1717	–354
$Ⅲ_1$冀北高原农业区	1185111	83	15	55	36730	711	422
$Ⅲ_2$辽西丘陵农业区	809371	125	15	29	39753	1751	1524

6.4.1　农田土壤氮平衡评价

农田土壤氮平衡是氮素的收入和支出的平衡关系，其数值为正值时表示过剩，为负值时表示亏缺。收入项中包括化肥施用、粪便氮、有机物矿化氮、生物固氮和大气沉降固氮，支出项中分别包括收获作物带走、淋溶丢失、氨挥发和 N_2O、NO、N_2 排放。

1. 农田土壤氮平衡状况

依据模型进行估算表明，2008 年环渤海地区的农田土壤氮平衡状况总体表现为过剩，总过剩量为 158 万～220 万 t N，均值为 189 万 t N，如图 6.2 所示。农田土壤氮库中氮素的主要平均收入项分别为：化肥态氮 434 万 t N、粪便 115 万 t N、有机物矿化态氮 21 万 t N、作物固氮 8 万 t N、大气沉降 23 万 t N；氮素平均支出主要为：作物吸收 273 万 t N、淋溶丢失 0.56 万 t N、NH_3 挥发 49 万 t N，通过 N_2O、NO 和 N_2 气体排放分别为 29 万 t N、8 万 t N 和 53 万 t N。

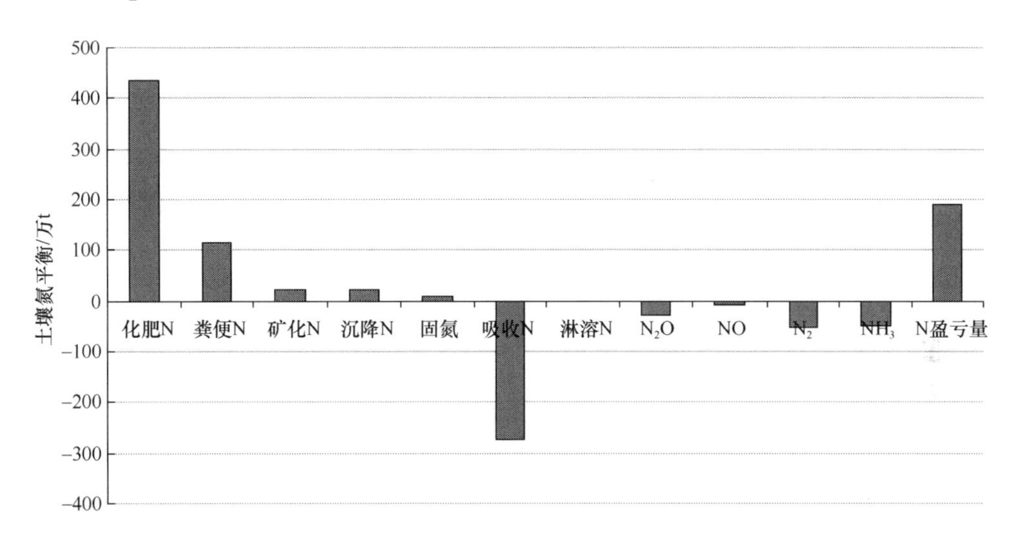

图 6.2　2008 年环渤海地区农田生态系统氮平衡模拟

2008 年环渤海地区施入农田化肥总量为 957 万 t，平均每公顷投入量为 396kg，其中氮肥占到化肥投入的 45%，占到整个氮素投入量的 72%，是土壤氮素收入的主要途径；其次，粪便氮施用是土壤氮素的又一主要来源，在氮素投入量中占 19%；再次，氮沉降及有机物矿化氮也是氮素收入的主要来源，分别占氮总体投入量的 3.8%和 3.5%，而氮矿化速率决定了土壤中用于植物生长的氮量。

从氮素的支出过程来看，氮肥施入土壤后，经过微生物作用转变成硝酸盐，除作物吸收利用的一部分外，有很大一部分通过 NO_3^-淋失、反硝化、NH_3 挥发，以及 NO_2 化学分解等途径从土壤中损失掉。通过模型估计，2008 年环渤海地区氮素总过剩量达到 189 万 t N，占化肥态氮投入量的 44%，这部分氮残留在土体中，是主要的潜在污染源。由于大量氮肥的投入，使氮素在土壤中的盈余量大幅度提高。氮素在土壤中的积累降低了氮肥利用率，氮素的作物利用率仅为化肥投入的 28%左右，造成了氮肥的极大浪费和损失。氮素支出中 N_2、NH_3 分别占总支出的 13%和 12%，均以气体的形式挥发到大气中，其次，N_2O 是重要的温室气体之一，约有 7%投入到大气中；再有通过淋溶丢失的氮素占到 0.14%，这也是造成环渤海地区水体污染的主要来源之一。

2. 农田土壤氮平衡的区域差异

根据模型模拟的结果，以环渤海地区县域分布图及农田地域分区图为基础，进一步绘制出县域单位耕地面积氮肥施用量和氮素平衡的空间分布图。从图 6.3(a)（详见文后彩图 6.3）可以看出，环渤海地区县域单位耕地面积氮肥的施用量的地区分布很不平衡。农田土壤氮投入量高值区，主要分布在河北唐山、秦皇岛、石家庄、保定、邢台，北京昌平、延庆，山东滨州、淄博、莱芜、济宁、菏泽，辽宁西丰、昌图、开原、营口市局部区域。辽宁省内大致以营口—鞍山—本溪—抚顺—铁岭一线以东及东南区域是氮投入量较高值区，氮投入量平均在 300～500kg/hm^2。

各县域氮肥投入量的平均数为 317kg/hm^2，氮肥投入量的频率分布主要集中在 140～600kg/hm^2[图 6.4(a)]，环渤海大部分县的施肥量在 150～300 kg/hm^2 和 300～500kg/hm^2 范围，这部分县域行政单位数分别占环渤海地区 333 个县的 37%和 43%。氮肥施用量最高的区域主要在环渤海中部区域，全区氮投入最高的县为山东邹平，达到 1106kg/hm^2，与其蔬菜生产的高施肥有较大的关系。从地域分区来看集中在平原农业区，如冀、鲁平原农业区，以及京津唐低洼平原农业区，这部分地区也是我国的粮食主产区，农业投入较高；而在河北及辽宁省北部冀北高原农业区和辽西丘陵农业区的施用量大多较低，尤其是冀北山区各县域的氮投入量在 100kg/hm^2 以下，农业种植业不是该区的主导产业。

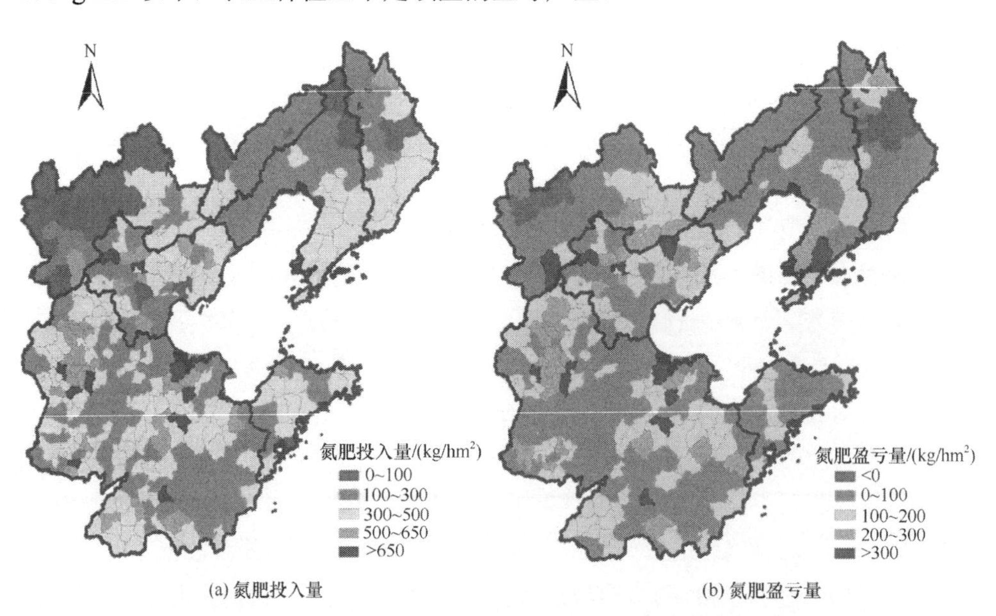

(a) 氮肥投入量　　(b) 氮肥盈亏量

图 6.3　2008 年环渤海地区县域农田土壤氮肥投入与氮肥盈亏空间分布（详见文后彩图）

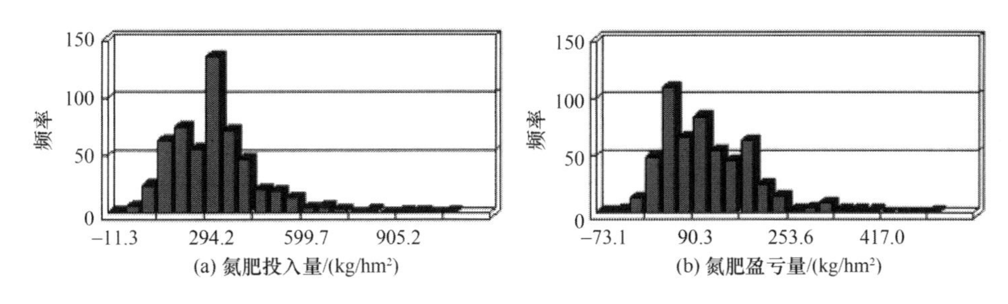

图 6.4　农田土壤氮肥投入量及盈亏量频率分布

环渤海地区大部分县域的农田土壤处于氮平衡盈余状态，如图 6.3（b）所示，通过模型模拟大部分县的盈余量在 0～100kg/hm^2 和 100～200kg/hm^2 范围，这部分县域行政单位数分别占环渤海地区县域总数的 48%和 32%。2008 年环渤海地区各县氮盈亏量的平均数为 114kg/hm^2，氮盈亏量的频率分布主要为 10～250kg/hm^2［图 6.4（b）］。化肥态氮是主要的氮素来源，通过对比氮肥施用量不同的空间分布表明，在氮肥施用量最高的地区氮素盈余也较大，而氮肥施用较低的地区氮素亏缺也较大。在河北北部和辽宁东北部的山地丘陵农业区，由于氮肥投入量不多，而通过土壤挥发的氨气和氮氧化合物带走了大量的氮素，造成氮素处于净丢失状态。

从图 6.5 的环渤海县域线性回归趋势图来看，全地区样本数为 333 个，氮肥投入量与氮肥盈亏量的直线回归方程为 $y = 0.4781x–6.3565$，相关系数的平方 $R^2 = 0.6216$，相关系数 $R = 0.7884$，回归方程的拟合程度较高，化肥 N 与 N 盈亏量具有较高的相关性。在其他投入及管理措施相对不变的条件下，化肥 N 投入每增加 100kg/hm^2，N 盈余量每公顷增加 41.45kg；同样地减少化肥用量，能显著减少土壤中氮素过剩。化肥态氮的大量使用，不仅使土壤氮盈余，同时造成温室气体（N_2O）及 NH_3 的大量排放。由于影响氮平衡的因素不仅与气候条件和土壤性质相关，而且与耕作管理方式也密切相关，随着人类对土壤的利用和干扰加强，土壤氮素平衡将更多地受到诸如秸秆还田、有机肥施用、氮肥投入等农业生产管理措施的调控，其区域分布差异也将越来越明显。

6.4.2　农田土壤有机碳平衡评价

土壤有机碳平衡（dSOC）是指土壤有机碳收入和支出的抵消情况，即生长季末（年末）SOC 储量和生长季初（年初）SOC 储量的比较，正平衡表示收入大于支出，反之，则为碳亏缺。DNDC 模型主要考虑的土壤有机碳收入项包括秸秆还田（包括作物残茬）和人畜粪便，支出项主要包括作物籽粒、土壤呼吸和甲烷释放等。

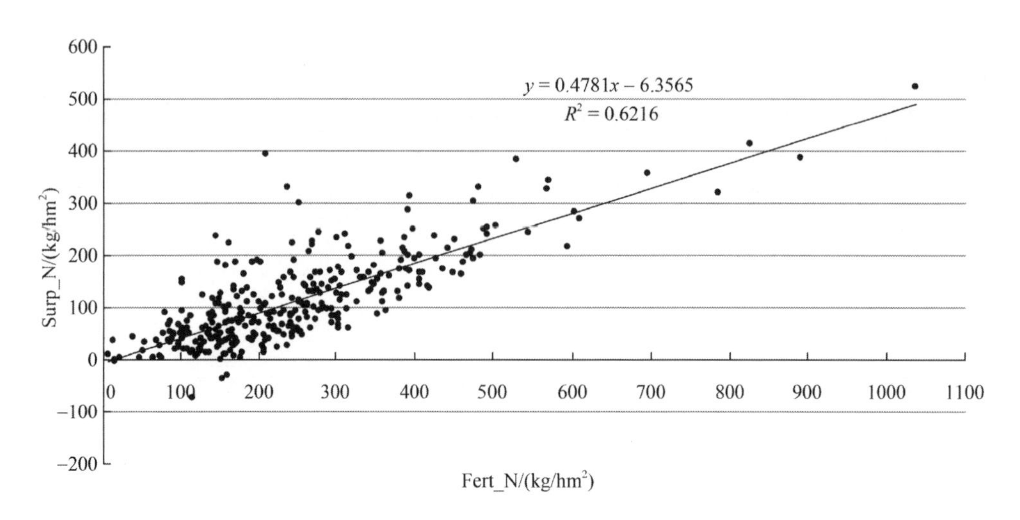

图 6.5　环渤海县域氮肥投入量与氮肥盈亏量线性回归趋势图

1. 农田土壤有机碳储量

据 DNDC 区域模型估算，2008 年环渤海地区农田土壤有机碳储量为 35996 万～101668 万 t，均值为 68832 万 t，低于我国平均耕地土壤有机碳（SOC）储量 40990kg（邱建军和唐华俊，2003）。每公顷耕地土壤有机碳储量平均为 68.83t/hm²。

环渤海地区农田土壤有机碳储量的空间分布如图 6.6（a）（详见文后彩图 6.6）所示。单位耕地面积 SOC 储量的地区分布不平衡。农田 SOC 储量高值区，主要分布在辽宁省大部特别是以营口—盘锦—鞍山—本溪—抚顺—铁岭一线以东区域；山东昌邑—高密—日照一线以东的丘陵地区，以及河北承德、阳原和邢台、邯郸西部局部县域，农田 SOC 储量在 40t/hm² 以上。环渤海地区大部分县域的有机碳储量为 20～30 t/hm²，这部分县域行政单位数占环渤海地区县域总数的 47%。各县有机碳储量的平均值为 42 t/hm²，有机碳储量值的频率主要分布在 16～50 t/hm² [图 6.7（a）]。有机碳储量较低的区域比较集中，主要位于环渤海中部平原农业区，即冀鲁平原农业区的大部区域及京津唐低洼平原农业区的部分区域。全区域有机碳储量最低的县是河北省的蔚县，每单位公顷的有机碳储量仅为 16t。从土壤本底情况来看，这部分地区主要由中部黄河流经黄土高原再到黄淮平原，土壤类型主要以半水成土为主，养分含量较低，土壤本底有机碳含量大多在 0.5%以下；全区域有机碳储量最高的县在辽宁东部的抚顺，每单位公顷的有机碳储量为 148t。土壤类型主要为钙层土和淋溶土，养分含量较高，有机碳量平均在 1.5%以上。

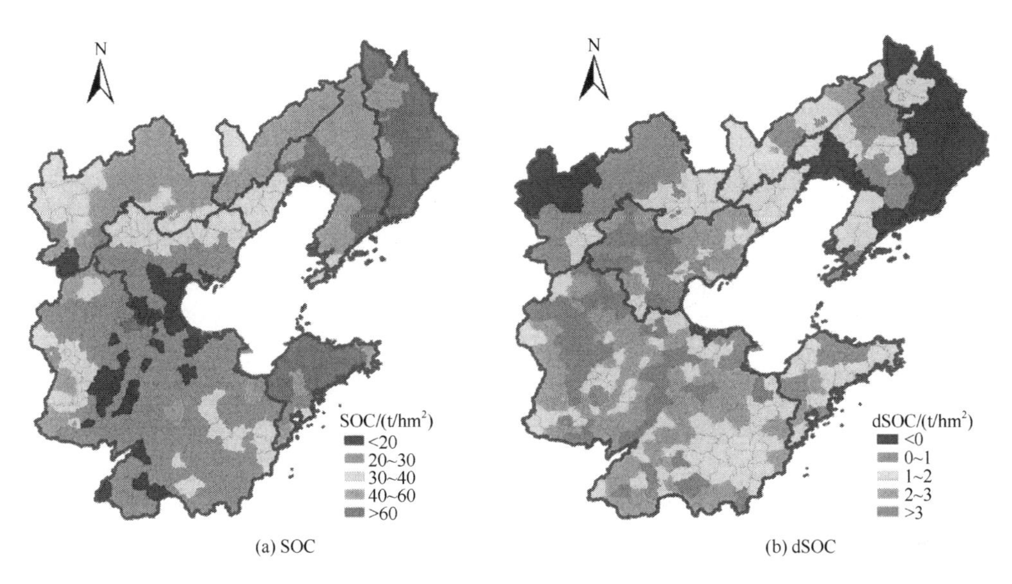

图 6.6　2008 年环渤海地区县域 SOC 储量与 dSOC 平衡空间分布（详见文后彩图）

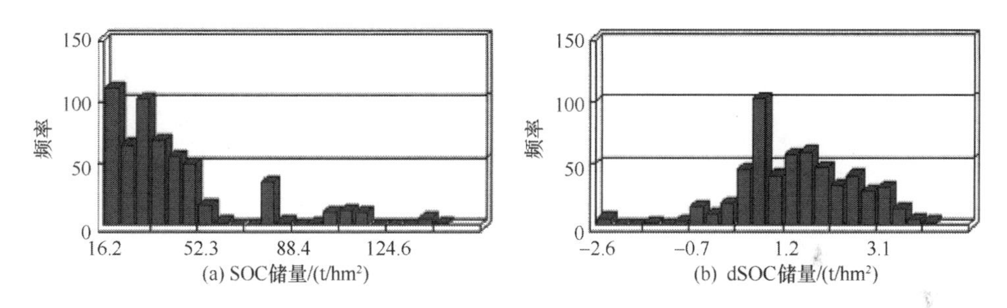

图 6.7　农田土壤 SOC 储量及 dSOC 储量频率分布

2. 农田土壤有机碳平衡状况

通过模型模拟显示，2008 年环渤海地区农田土壤有机碳的平衡状况总体表现为碳盈余，总过盈余量为 2917 万～3764 万 t，平均有机碳盈余量为 3340 万 t。环渤海地区有机碳平衡的空间分布如图 6.6（b）所示，大部分县域的有机碳平衡（dSOC）表现为正平衡，盈余量在 1～2t/hm^2 和 2～3t/hm^2 范围，这部分县域行政单位数分别占到环渤海地区 333 个县域的 32%和 30%。各县有机碳平衡平均值为 1.5t/hm^2，有机碳平衡的频率主要分布在–0.7～3.5t/hm^2［图 6.7（b）］。

从环渤海有机碳平衡的区域差异来看［图 6.6（b）］，有机碳储量盈余的大部分县在京津唐及冀鲁平原农业区，单位公顷大多在 2t 以上；模拟结果表现为有机碳丢失的区域主要位于北部山区的冀北高原农业区及辽东山地农业区，有机碳为负平衡相对较为集中，尤其是东北黑土集中区的土壤有机碳正在大量丢失，辽宁东部的清原县有机碳平衡为–2.62t/hm^2，亏缺最为严重。有机碳的来源主要是作物秸秆及粪便中的有机质，河北南部和山东西北部是平原农业区，秸秆的还田率较高，而作物耕作为一年二熟到三熟，秸秆还田量同样较高；在冀北及辽东主要是山地丘陵地区，秸秆还田率相对较低，作物耕作为一年一熟，投入农田的有机质过低，导致这部分地区的有机碳亏缺。

在区域北部通过回归模拟显示（图 6.8），环渤海县域秸秆还田与有机碳平衡的线性回归方程为：$y = 0.9528x–0.4357$，相关系数的平方 $R^2 = 0.6826$，相关系数为 $R=0.8262$，回归方程的拟合程度较高。在其他养分投入及管理措施相对不变的条件下，每投入 100kg 的秸秆就可以增加 95kg 的有机碳。所以，为保持土壤有机碳平衡，迫切需要增加秸秆还田比例，提倡人畜粪便还田。同时，畜禽粪便中含有大量农作物生长所必需的氮、磷、钾等营养成分和大量的有机质，经过堆肥后施用于农田是一种被广泛使用的利用方式。将畜禽粪便施用于农田，有利于改良土壤结构，提高土壤有机质含量和农作物产量。所以，利用好畜禽有机肥，不仅可减轻畜禽粪便对环境的污染，而且可以改善土壤肥力，提高耕地质量。就土壤养分来说，不仅其可利用的养分状况影响植被的生长，而且微生物同化 1 份的 N 需要 24 份的 C，土壤中矿质态 N 的有效性直接控制土壤有机碳的分解速率（李忠等，2001）。

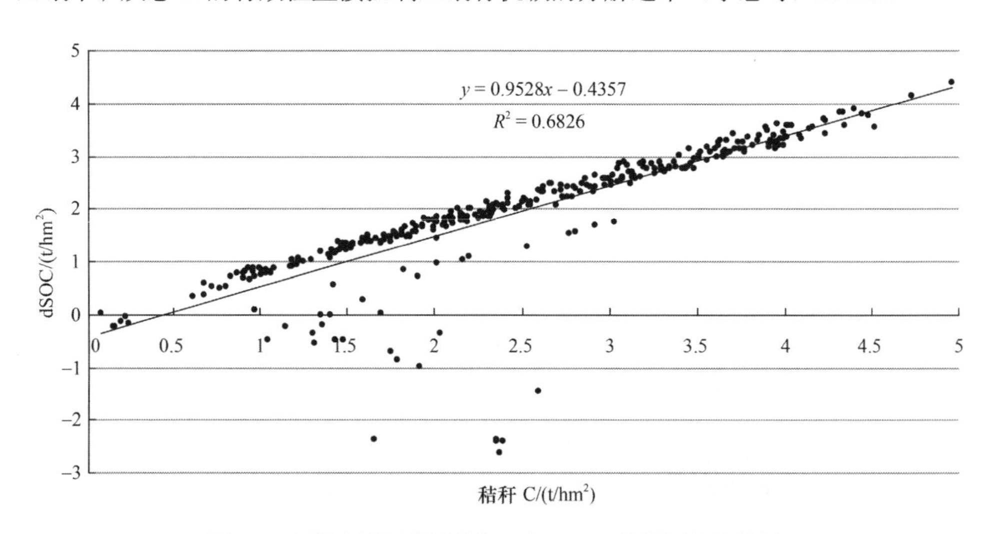

图 6.8　环渤海地区县域秸秆 C 与 dSOC 线性回归趋势图

土壤碳储量的多少是土壤肥力的一个重要标志，土壤碳素是土壤质量的关键与核心。作物秸秆及畜禽粪便的 C 量较高，合理有效地利用有机碳的投入，有助于增加土壤 C 量，增加土壤肥力，减少化肥 N 量的投入。由于土壤有机碳储量的巨大库容，其较小幅度的变化将会对全球气候产生不亚于人类活动向大气排放 CO_2 对全球气候的影响，同时也影响到陆地植被的养分供应。在全球变化的背景下，对土壤有机碳储量、分布进行分析研究，并揭示其影响因素和生态效应，将有助于探求如何科学地利用和保护有限的土壤资源，减缓土壤中温室气体排放、增加土壤碳截存，提高土壤质量，对退化土地的生态恢复及环境治理和保护等都有重要的意义。

6.4.3　农田土壤碳氮平衡不确定性分析与讨论

本书应用的 DNDC 模型适用于点位和区域尺度的农业生态系统，是对土壤碳、氮循环过程进行全面描述的机理模型。该模型的运行结果，揭示了环渤海地区三省二市农田土壤有机碳储量及土壤氮盈亏的实际状况，反映出该模型区域数据库的建立方法可行、模拟运行结果可信。

（1）由于区域农田生态系统的复杂性和非均质性，区域模拟生产的误差是不可避免的。土壤条件的空间变异和输入参数的不确定性，都会直接对模拟结果带来误差。由于土壤碳氮平衡过程除主要受到氮肥及秸秆等投入因素的影响外，还受到农田管理措施的影响，因而模拟结果和具体的农田土壤碳氮平衡将存在一定的误差。

（2）本书中环渤海地区县域 GIS 数据库中的耕地总面积为 1899 万 hm^2，比原国土资源部县级土地利用详查变更数据中耕地面积 1859 万 hm^2 要大，这也是造成模拟误差的原因之一。同时，模拟过程中一些重要的输入参数，如地上部秸秆还田比例的确定。为了更好地模拟当地的农业生产实际情况，本书对环渤海地区做了进一步的细分，即采用全区七个分区确定不同的秸秆还田率，来分别运行模型，即便如此，模拟结果与各县域的实际农业秸秆投入情况存在一定的偏差。

（3）研究应用的 DNDC 模型适用于点位和区域尺度的农业生态系统，是对农田土壤碳、氮循环过程进行全面描述的机理模型。该模型的运行结果总体上反映了环渤海地区三省二市农田土壤有机碳储量及土壤氮盈亏的实际状况，说明本书中模型区域数据库的建立方法可行、模型运行结果可信，可为区域农田养分管理和农业发展决策提供参考依据。

第7章 结论与讨论

农田生态系统是农业生产最基本的物质基础和重要场所，本质上是指以发展农业生产为目的，以人地协调共生为特征的人工可调控的陆地生态系统。面向发展可持续农业和保障粮食安全的战略需求，通过采用调查、评价与模拟分析相结合的方法，针对典型类型地区，深入开展农田生态系统物质循环、养分平衡及其有效调控途径研究，既是农业资源利用前沿领域的重要课题，也是科学指导农业生产实践的现实需要。环渤海地区是我国重要粮食主产区和现代农业发展重点区，基于农田地域分区和土壤本底分析，揭示农田碳氮分布格局及其空间差异性，提出加强农田养分管理决策建议，具有重要的理论价值和实践意义。

基于对环渤海地区农业生态系统中农田养分投入所引起的土壤碳、氮含量的变化，以及对环境污染造成的潜在影响分析，根据环渤海地区的气候条件、种植制度、土地利用、养分投入情况等要素空间差异进行了农田地域分区，通过引进DNDC模型与GIS技术系统对不同分区进行土壤碳、氮分布模拟和分级评价，揭示了环渤海地区农田土壤碳、氮分布格局及其平衡状况，可为环渤海地区农业可持续发展和农田环境保护决策提供依据。

7.1 主要结论

本书着眼于我国环渤海地区农业生产、经济社会发展，以及农田生态环境保护的特殊区域背景和战略任务，以实现农田生态系统平衡和农业可持续发展为目标，在学习继承前人研究成果的基础上，深入开展基于DNDC模型和GIS技术相结合的典型问题与模型应用实证研究，通过模型系统模拟，构建了区域农田生态系统土壤碳氮含量空间格局，揭示了土壤碳氮含量空间差异的主要特征，为环渤海地区农田生态系统预警、农田保育和土壤养分合理施用提供了参考依据。研究主要进展与结论包括以下6个方面。

7.1.1 综合运用GIS和农田生态系统生物地球化学模型揭示区域土壤碳氮平衡及其空间差异

研究方法主要包括农田土壤区划方法、DNDC模型法、GIS技术方法、农田生态系统定量评价方法。通过对环渤海地区农业气候区划图、土壤区划图、土地利用区划图、种植业区划图、化肥区划图、耕作制度区划图进行数字化，建立农田生态系统要素矢量图库，对环渤海不同区域农田地域系统进行分区，在此基础上引进DNDC模型，将DNDC模型与GIS技术结合，分析不同区划秸秆和人畜粪便还田量的差异性，在GIS支持下评价了区域特定土地覆被条件下不同施肥和秸秆还田情景的农田土壤有机碳及氮分布格局，通过揭示农田土壤有机碳及氮的空间差异特征，为农田生态系统安全管护与土壤养分资源管理提供了决策依据。同时拓展和深化了该领域多源数据的采集与多方法的集成应用研究。

7.1.2 环渤海地区化肥投入量、施用结构变化及其区域差异分析研究

（1）揭示了环渤海地区农田化肥投入量的变化特征。1989年以来，化肥使用量由456.11万t（1989年）增加到957.01万t（1998年），增加了109.8%，总体上呈现波动增长的趋势。

（2）在区域分布上，山东省化肥施用量一直最大，约占环渤海地区化肥总用量的50%，河北省次之，辽宁省化肥使用量增长比较缓慢，天津化肥用量比较低，北京因耕地快速非农化，化肥施用量自1997年之后处于下降趋势。

（3）化肥施用结构的显著变化，即钾肥和复合肥增长趋势明显，其中复合肥的增长量最大，即由1989年的73.30万t增长到2008年的341.91万t，增长了880%，占1989～2008年全区化肥总增长量的53.6%；氮肥于1999年达到历史最高水平445.75万t之后，开始波动性下降；磷肥变化幅度较小。渤海地区的氮、磷、钾、复合肥用量的结构比由1989年的66.52∶15.61∶1.80∶16.07变化为2008年的42.67∶12.48∶9.12∶35.73，化肥使用结构向均衡化方向发展。就区域差异而言，北京、天津、河北和辽宁的氮肥使用占较大比例，复合肥次之；山东化肥使用结构发生了显著变化，复合肥所占比例最大，在2008年达到42.7%。

7.1.3 环渤海地区单位农作物播种面积化肥施用及其肥效变化评价分析

（1）单位农作物播种面积的化肥施用量变化，环渤海地区单位农作物播种面积的化肥使用量呈波动性上升的趋势，由1989年的187.54kg/hm^{2}提高到2008年的395.59kg/hm^2，其变动趋势与区域化肥总量的变化趋势基本一致。单位农作物

播种面积的氮、磷、钾及复合肥的变化存在差异。氮肥在1996年之前增长较显著，磷肥的变化趋势与氮肥基本一致，复合肥用量一直呈快速增长趋势，钾肥使用量增长速度最快，20年间增长了9.7倍。

（2）农田化肥肥效的变化。农田化肥肥效是指单位播种面积上的产量与单位播种面积化肥用量的比值。各区域化肥施用的粮食产出率变化趋势较为相似，总体上均呈现出波动性下降的趋势。其中1996年以前的下降速度较快，1996年以后下降有所放缓，这与区域化肥使用总量和单位农作物播种面积化肥使用量的变化趋势正好相反。

（3）化肥利用率是指单位播种面积作物吸收的氮、磷、钾总量与单位播种面积化肥总施用量的比值。化肥利用率在一定程度上受化肥施用量的影响，即当单位面积化肥施用量达到一定水平后再增加化肥施用，则化肥利用率会相应降低。但化肥利用率随化肥施用量增加而下降的幅度，会因地而异，研究区省（市）的化肥利用率变化以2000年为界呈现出先波动性下降后平稳上升的趋势。从总体趋势来看，粮食作物单位面积化肥投入量虽然逐年提高，但粮食产量自1995年后却是徘徊不前，说明化肥的增产效果在近10多年来下降较快。因此，要注重推广科学施肥，采用平衡施肥方式，促进NPK消费比例，促使化肥利用率由目前30%提高到45%左右。

7.1.4　环渤海地区单位农作物播种面积化肥施用的适宜量分析及优化对策研究

（1）环渤海地区的粮食单产总体上随着单位农作物播种面积化肥使用量的提高而增加，但不同时段，变化率不一样。在农业生产技术尚未取得巨大突破时，单位农作物播种面积的化肥适宜量为275.330kg/hm^2。

（2）分省（市）差异明显，河北省粮食单产随着单位农作物播种面积化肥使用量的提高而增加。在农业生产技术尚未取得重大突破时，单位农作物播种面积的化肥适宜量约为253.296kg/hm^2；北京市粮食单产与单位农作物播种面积化肥使用量的变化呈现以2000年为转折点的波动关系。2000年以后，虽然单位面积化肥用量在上升，但是粮食单产呈下降或徘徊状态。单位农作物播种面积的化肥适宜量为265.338kg/hm^2；天津市单位面积化肥用量呈现上升趋势，但是粮食单产呈现明显的波动或徘徊状态，二者相关关系不够明显。单位农作物播种面积的化肥适宜量为213.265kg/hm^2；山东省粮食单产随着单位农作物播种面积化肥使用量的提高而波动性增长。该省农作物播种面积的化肥适宜量为330～373kg/hm^2。

（3）不同作物单位播种面积的适宜化肥使用量是有明显差异的，但由于在统计分析结果中并未细分到按照作物进行统计。因此，本节研究中所获得的化肥适宜量实际上是区域所有作物的平均值水平。

7.1.5　建立环渤海地区农田土壤本底有机碳及全氮数据库，揭示了土壤本底碳氮分布格局

（1）利用中国科学院南京土壤所完成的“1∶100 万中国土壤数据库”，将环渤海县域图和环渤海土壤类型图叠加，生成二级图斑，环渤海地区共有人为土、钙层土、半水成土、淋溶土和初育土等九大土纲；水稻土、潮土、草甸土、棕壤、黄棕壤等 72 个亚类。进一步应用地统计学（geostatistics）方法中的克里格插值法，得到环渤海地区土壤本底的空间分布图，作为农田土壤本底碳氮含量分布格局研究的基础图库。

（2）土壤本底有机碳含量空间分布。环渤海地区土壤有机碳的含量为 0.16%～4.5%，平均为 0.89%。有机碳含量北部高于南部，冀北山区、京西北山区、辽中及东部、南部地区属于有机碳量高值分布区。从各省差异来看，辽西部地区、冀南部、鲁西北及西南部有机碳含量大多在 0.5%以下，有机碳含量较低的一级、二级区主要集中在鲁冀南部交界区，以及鲁东滨海狭长地区。

（3）土壤本底全氮含量空间分布。土壤全氮含量在 0.012%～1.55%，平均为 0.11%。全氮含量北部明显高于南部，冀北山区属于区域全氮含量高值区。从各省差异来看，辽宁大部、河北北部及北京、天津市氮量大多在 0.1%以上，山东省氮含量普遍较低，氮量最低的一级区主要集中在山东和河北南部交界区。有机质含量高的土壤类型，其全氮含量也较高。因此，全区域土壤有机质含量与全氮含量之间普遍存在显著的正相关关系。

7.1.6　完成了环渤海地区县域尺度农田土壤碳氮平衡定量评价与分析

（1）收集了研究区图形数据、调查数据、统计数据、宏观农业统计数据、文献资料数据等五类数据，以环渤海地区 333 个县域为单元、以二级区为对象分别建立气象、土壤、农田土地利用类型、农田作物耕作管理、农田作物参数和畜禽等类数据库，并按照 DNDC 模型输入格式的要求，把区域模型所需要的输入参数由各种原始数据库以县域为基本单位输入 GIS 数据库，作为 DNDC 模型的输

入参数。

（2）依据模型进行估算，2008 年环渤海地区的农田土壤氮平衡状况总体表现为过剩，总过剩量为 158 万～220 万 t N，均值为 189 万 t N。农田土壤氮库中氮素的主要平均收入项分别为：化肥态氮 434 万 t N、粪便 115 万 t N、有机物矿化态氮 21 万 t N、作物固氮 8 万 t N、大气沉降 23 万 t N。化肥态氮肥投入是土壤氮素收入的主要途径，2008 年占到氮素总收入量的 60%；氮素平均支出主要为：作物吸收 273 万 t N、淋溶丢失 0.56 万 t N、NH_3 挥发 49 万 t N，通过 N_2O、NO 和 N_2 气体排放分别为 29 万 t N、8 万 t N 和 53 万 t N。各县域氮肥投入量的平均数为 317 kg/hm^2。

（3）据 DNDC 区域模型估算，2008 年环渤海地区农田土壤有机碳储量为 35996 万～101668 万 t，均值为 68832 万 t。每公顷耕地土壤有机碳储量平均为 68.83t/hm^2。农田土壤有机碳的平衡状况总体表现为碳盈余，总过盈余量为 2917 万～3764 万 t，平均有机碳盈余量为 3340 万 t。

7.2 研究讨论

本书主要通过环渤海地区农田地域分区，在模型和 GIS 技术支持下对县域尺度农田碳氮分布的格局及差异进行了分析研究，能够揭示环渤海地区宏观层面的农田土壤碳氮分布特征，但是在以下三个方面仍需要开展深入的实地调查和系统研究。

（1）按照环渤海地区农田地域分区方案，应进一步区分不同类型区域布设典型采样点，进而观测农田本底土壤碳氮含量状况，跟踪调查典型样本农田化肥投入、秸秆还田变化情况，进而为利用模型方法模拟区域土壤碳氮分布格局，认识区域农田土壤养分平衡关系，以及为科学制订养分管理措施提供科学依据。

（2）每个县域统计的不同作物化肥氮的投入量是区域的平均水平，而不同农田的农作物具有的生理特性、土壤状况和管理措施是不相同的，同一个县域内不同农田农作物对化肥施用的需求也有明显差异。本书在统计分析单位作物播种面积的化肥使用量时，把一个县域平均化，即认为该种作物在一个县域内的使用量是相同的。所以，本书模拟提出的化肥适宜量实际上反映了区域各类作物的平均水平，针对不同农田土壤农作物化肥施用差异的精确模拟分析，进而为农田生态系统科学管理和决策提供指导，仍有待深入开展。

（3）为提高研究精度与效率，县域尺度农田碳氮分布格局及其差异研究的技术方法有待综合集成。特别借助于高分辨率遥感影像资料，获取不同类型区作物空间分布及其季节变化信息。例如，DNDC 模型最新版已用 VC++6.编写而成，正在与遥感技术结合，试图用遥感来提供模型所需的大尺度输入参数，如农作物播种面积，以求弥补统计数据的不足。因此，在遥感、GIS 技术及 DNDC 模型支持下，促进从空间采样、信息采集、评价分析，到优化决策研究的一体化，实现本底分析、差异评价和情景变化的综合研究的目的，将是今后进一步深化该项目研究的努力方向。

参 考 文 献

白由路, 李保国. 2002. 黄淮海平原盐渍化土壤的分区与管理. 中国农业资源与区划, 23(2): 44~47.

毕于运. 1995. 中国耕地. 北京: 中国农业科技出版社.

陈述彭, 鲁学军, 周成虎. 2000. 地理信息系统导论. 北京: 科学出版社.

陈同斌, 曾希柏, 胡清秀. 2002. 中国化肥利用率的区域分异. 地理学报, 57(5): 531~538.

陈肖, 张世熔, 黄丽琴, 等. 2007. 成都平原土壤氮素的空间分布特征及其影响因素研究. 植物营养与肥料学报, 13(1): 1~7.

陈源泉, 高旺盛. 2005. 农牧交错带农业生态服务功能的作用及其保护途径. 中国人口·资源与环境, 15 (4) : 110~115.

陈源泉, 高旺盛. 2009. 中国粮食主产区农田生态服务价值总体评价. 中国农业资源与区划, 30(1): 33~39.

陈重酉, 李志国, 胡艳芳, 等. 2008. 碳氮循环与能源结构. 生态环境, 17(2): 872~878.

程先富, 史学正, 于东升, 等. 2004. 江西省兴国县土壤全氮和有机质的空间变异及其分布格局. 应用与环境生物学报, 10(1): 64~67.

邓美华, 谢迎新, 熊正琴, 等. 2007. 长江三角洲氮收支的估算及其环境影响. 环境科学学报, 27(10): 1709~1716.

丁锁, 臧宏伟. 2009. 我国农业面源污染现状及防治对策. 现代农业科技, 23: 275~276.

范铭丰. 2010. 基于GIS的土壤养分空间变异特征及预测方法比较. 重庆: 西南大学硕士学位论文.

方玉东, 封志明, 胡业翠, 等. 2007. 基于GIS技术的中国农田氮素养分收支平衡研究. 农业工程学报, 23(7): 35~41.

冯绍元, 郑耀泉. 1996. 农田氮素的转化与损失及其对水环境的影响. 农业环境保护, 15(6): 277~280.

傅伯杰, 陈利顶, 蔡运龙. 2004. 环渤海地区土地利用变化及可持续利用研究. 北京: 科学出版社.

高旺盛, 陈源泉, 段留生, 等. 2008. 中国粮食主产区农田生态健康问题与技术对策探讨. 农业现代化研究, 29(1): 89~91.

郭丽英, 刘玉. 2011. 环渤海地区化肥投入变化及其适宜性分析. 地域研究与开发, 30(3): 149~151.

郭丽英, 王道龙, 邱建军. 2009a. 环渤海区域土地利用景观格局变化分析. 资源科学, 31(12): 2144~2149.

郭丽英, 王道龙, 邱建军. 2009b. 环渤海地区土地利用类型动态变化研究. 地域研究与开发, 28(3): 92~95.

郭旭东, 傅伯杰, 马克明, 等. 2000. 基于 GIS 和地统计学的土壤养分空间变异特征研究——以河北省遵化市为例. 应用生态学报, 11(4): 557~563.
何书金, 李秀彬, 朱会义, 等. 2002. 环渤海地区耕地变化及动因分析. 自然资源学报, 17(3): 345~352.
胡克林, 李保国, 林启美, 等. 1999. 农田土壤养分的空间变异性特征. 农业工程学报, 15(3): 33~38.
胡宁, 娄翼来, 梁雷. 2010. 保护性耕作对土壤有机碳、氮储量的影响. 生态环境学报, 19(1): 223~226.
胡忠良, 潘根兴, 李恋卿, 等. 2009. 贵州喀斯特山区不同植被下土壤 C, N, P 含量和空间异质性. 生态学报, 29(8): 4187~4195.
黄昌勇. 2000. 土壤学. 北京: 中国农业出版社.
黄涛. 2014. 长期碳氮投入对土壤有机碳氮库及环境影响的机制. 北京: 中国农业大学博士学位论文.
黄耀, 孙文娟. 2006. 近 20 年来中国大陆农田表土有机碳含量的变化趋势. 科学通报, 51(7): 750~763.
黄耀, 孙文娟, 张稳, 等. 2010. 中国陆地生态系统土壤有机碳变化研究进展. 中国科学: 生命科学, 40(7): 577~586.
吉艳芝, 冯万忠, 郝晓然, 等. 2014. 不同施肥模式对华北平原小麦-玉米轮作体系产量及土壤硝态氮的影响. 生态环境学报, 23(11): 1725~1731.
姜慧敏, 李树山, 张建峰, 等. 2014. 外源化肥氮素在土壤有机氮库中的转化及关系. 植物营养与肥料学报, 20(6): 1421~1430.
姜勇, 张玉革, 梁文举, 等. 2003. 沈阳市苏家屯区耕层土壤养分空间变异性研究. 应用生态学报, 14(10): 1673~1676.
姜勇, 庄秋丽, 梁文举. 2007. 农田生态系统土壤有机碳库及其影响因子. 生态学杂志, 26(2): 278~285.
金琳. 2008. 农田管理对土壤碳储量的影响及模拟研究. 北京: 中国农业科学院硕士学位论文.
巨晓棠, 谷保静. 2014. 我国农田氮肥施用现状、问题及趋势. 植物营养与肥料学报, 20(4): 783~795.
李宝玉. 2010. 环渤海现代农业区域比较研究. 北京: 北京林业大学博士学位论文.
李长生. 2000. 土壤碳储量减少: 中国农业之隐患——中美农业生态系统碳循环对比研究. 第四纪研究, 20(4): 345~350.
李长生. 2001. 生物地球化学的概念与方法——DNDC 模型的发展. 第四纪研究, 21(2): 89~99.
李长生, 肖向明, Frolking S, 等. 2003. 中国农田的温室气体排放. 第四纪研究, 23(5): 493~503.
李春, 柳芳, 黎贞发, 等. 2009. 环渤海地区节能型日光温室生产的气候资源分析. 中国农业资源与区划, 30(2): 50~53.
李海波, 韩晓增, 王风. 2007. 长期施肥条件下土壤碳氮循环过程研究进展. 土壤通报, 38(2): 384~388.
李虎, 邱建军, 王立刚. 2008. 农田土壤呼吸特征及根呼吸贡献的模拟分析. 农业工程学报, 24(4): 14~20.
李虎, 王立刚, 邱建军. 2007. 黄淮海平原河北省范围内农田土壤二氧化碳和氧化亚氮排放量的估算. 应用生态学报, 18(9): 1994~2000.
李启权, 岳天祥, 范泽孟, 等. 2010. 中国表层土壤有机质空间分布模拟分析方法研究. 自然资源学报, 25(8): 1385~1399.
李书田, 金继运. 2011. 中国不同区域农田养分输入、输出与平衡. 中国农业科学, 44(20): 4207~4229.
李艳, 史舟, 徐建明, 等. 2003. 地统计学在土壤科学中的应用及展望. 水土保持学报, 17(1): 178~182.
李忠, 孙波, 林心雄. 2001. 我国东部土壤有机碳的密度及转化的控制因素. 地理科学, 21 (4): 301~307.
梁二, 蔡典雄, 代快, 等. 2010. 中国农田土壤有机碳变化: I 驱动因素分析. 中国土壤与肥料, 6: 80~86.
刘光栋, 吴文良. 2003. 高产农田土壤硝态氮淋失与地下水污染动态研究. 中国生态农业学报, 11(1): 91~93.
刘国华, 傅伯杰, 吴钢, 等. 2003. 环渤海地区土壤有机碳库及其空间分布格局的研究. 应用生态学报, 14(9): 1489~1493.
刘钦普. 2014. 中国化肥投入区域差异及环境风险分析. 中国农业科学, 47(18): 3596~3605.
刘盛和, 吴传钧, 沈洪泉. 2000. 基于 GIS 的北京城市土地利用扩展模式. 地理学报, 55(4): 407~416.
刘晓燕. 2008. 我国农田土壤肥力和养分平衡状况研究. 北京: 中国农业科学院博士学位论文.
刘彦随, 陆大道. 2003. 中国农业结构调整基本态势与区域效应. 地理学报, 58(3): 381~389.
刘彦随, 彭留英, 王大伟. 2005. 东南沿海发达区土地利用转换态势与机制分析. 自然资源学报, 20(3): 333~339.
刘玉, 刘彦随, 郭丽英. 2010. 环渤海地区粮食生产地域功能综合评价与优化调控. 地理科学进展, 29(8): 920~926.
刘昱, 陈敏鹏, 陈吉宁. 2015. 农田生态系统碳循环模型研究进展和展望. 农业工程学报, 31(3): 1~9.
卢树昌, 陈清, 张福锁, 等. 2008. 河北省果园氮素投入特点及其土壤氮素负荷分析. 植物营养与肥料学报, 14(5): 858~865.
鲁如坤, 刘鸿翔, 闻大中, 等. 1996a. 我国典型地区农业生态系统养分循环和平衡研究, I 农田养分支出参数. 土壤通报, 27(4): 145~150.
鲁如坤, 刘鸿翔, 闻大中, 等. 1996b. 我国典型地区农业生态系统养分循环和平衡研究, II. 农田养分收入参数. 土壤通报, 27(4): 151~154.
鲁如坤, 刘鸿翔, 闻大中, 等. 1996c. 我国典型地区农业生态系统养分循环和平衡研究, III. 全国和典型地区养分循环与平衡现状. 土壤通报, 27(5): 193~196.
陆大道. 1995. 中国环渤海地区持续发展战略研究. 北京: 科学出版社.
逯非, 王效科, 韩冰, 等. 2009. 农田土壤固碳措施的温室气体泄漏和减排潜力. 生态学报, 29(9): 4993~5006.
逯非, 王效科, 韩冰, 等. 2010. 稻田秸秆还田: 土壤固碳与甲烷增排. 应用生态学报, 21(1): 99~108.

路鹏, 黄道友, 宋变兰, 等. 2005. 亚热带红壤丘陵典型区土壤全氮的空间变异特征. 农业工程学报, 21(8): 181~183.

吕真真, 刘广明, 杨劲松, 等. 2014. 环渤海沿海区域土壤养分空间变异及分布格局. 土壤学报, 51(5): 944~952.

罗明, 潘贤章, 孙波, 等. 2008. 江西余江县土壤有机质含量的时空变异规律研究. 土壤, 40(3): 403~406.

潘根兴, 赵其国. 2005. 我国农田土壤碳库演变研究: 全球变化和国家粮食安全. 地球科学进展, 20(4): 384~393.

潘志勇. 2005. 基于试验与模型的 C、N 循环研究-以华北高产粮区桓台县为例. 北京: 中国农业大学博士学位论文.

彭畅. 2006. 长期施肥条件下黑土有机碳库和氮库变化研究. 北京: 中国农业科学院硕士学位论文.

秦松, 樊燕, 刘洪斌, 等. 2008. 地形因子与土壤养分空间分布的相关性研究. 水土保持研究, 15(1):46~52.

邱建军, 李虎, 王立刚. 2008. 中国农田施氮水平与土壤氮平衡的模拟研究. 农业工程学报, 24(8): 40~44.

邱建军, 秦小光. 2002. 农业生态系统碳氮循环模拟模型研究. 世界农业, 9: 39~41.

邱建军, 唐华俊. 2003. 北方农牧交错带耕地土壤有机碳储量变化模拟研究——以内蒙古自治区为例. 中国生态农业学报, 11(4): 86~88.

邱建军, 唐华俊, 陈庆沐, 等. 2002. 中国农业耕地土壤碳平衡与碳排放研究. 中国青年农业科学学术年报.

邱建军, 王立刚, 李虎, 等. 2009. 农田土壤有机碳含量对作物产量影响的模拟研究. 中国农业科学, 42(1): 154~161.

邱建军, 王立刚, 唐华俊, 等. 2004. 东北三省耕地土壤有机碳储量变化的模拟研究. 中国农业科学, 37(8): 1166~1171.

全国农业技术推广服务中心. 1999. 中国有机肥料资源. 北京: 中国农业出版社.

石小华, 杨联安, 张蕾. 2006. 土壤速效钾养分含量空间插值方法比较研究. 水土保持学报, 20(2): 68~72.

苏成国, 尹斌, 朱兆良, 等. 2005. 农田氮素的气态损失与大气氮湿沉降及其环境效应. 土壤, 37(2): 113~120.

孙波, 潘贤章, 王德建, 等. 2008. 我国不同区域农田养分平衡对土壤肥力时空演变的影响. 地球科学进展, 23(11): 1201~1208.

王道龙, 羊文超. 1999. 论保护农业环境与农业可持续发展. 中国农业资源与区划, 20(2): 10~15.

王方浩, 马文奇, 窦争霞, 等. 2006. 中国畜禽粪便产生量估算及环境效应. 中国环境科学, 26(5): 614~ 617.

王激清, 马文奇, 江荣风, 等. 2007. 中国农田生态系统氮素平衡模型的建立及其应用. 农业工程学报, 23(8): 210~215.

王敬, 程谊, 蔡祖聪, 等. 2016. 长期施肥对农田土壤氮素关键转化过程的影响. 土壤学报, 53(2): 292~304.

王敬国, 林杉, 李保国. 2016. 氮循环与中国农业氮管理. 中国农业科学, 49(3): 503~517.

王立刚, 李虎, 邱建军. 2008. 黄淮海平原典型农田土壤 N_2O 的排放特征. 中国农业科学, 41(4): 1248~1254.

王立刚, 邱建军. 2004. 华北平原高产粮区土壤碳储量与平衡的模拟研究. 中国农业科技导报, 6(5): 27~32.

王凌, 张国印, 孙世友, 等. 2009. 河北省环渤海地区地下水硝态氮含量现状及其成因分析. 河北农业科学, 13(10): 89~92.

王淑英, 路苹, 王建立, 等. 2007. 北京市平谷区土壤有机质和全氮的空间变异分析. 北京农学院学报, 22(4): 21~25.

王兴仁, 江荣风, 张福锁. 2016. 我国科学施肥技术的发展历程及趋势. 磷肥与复肥, 31(2): 1~5.

王艳芬, 陈佐忠, Tieszen T. 1998. 人类活动对锡林郭勒地区主要草原土壤有机碳分布的影响. 植物生态学报, 22(6): 545~551.

吴文良, 韩纯儒. 2001. 农业发展的环境审视. 见: 中国社会科学院环境与发展研究中心编. 中国环境与发展评论, 第一卷. 北京: 社会科学文献出版社. 272~279.

伍宏业, 曾宪坤, 黄景, 等. 1999. 论提高我国化肥利用率. 磷肥与复肥, 1: 6~12.

肖玉, 谢高地, 安凯. 2003. 土壤速效磷含量空间插值方法比较研究. 中国生态农业学报, 11(1): 56~58.

谢高地, 肖玉. 2013. 农田生态系统服务及其价值的研究进展. 中国生态农业学报, 21(6): 645~651.

谢高地, 肖玉, 甄霖, 等. 2005. 我国粮食生产的生态服务价值研究. 中国生态农业学报, 13(3): 10~13.

谢花林, 李波, 王传胜, 等. 2005. 西部地区农业生态系统健康评价. 生态学报, 25(11): 3028~3036.

谢迎新. 2006. 人为影响下稻田生态系统环境来源氮解析. 南京: 中国科学院研究生院(南京土壤研究所)博士学位论文, 22~70.

邢忠信, 李和学, 张熟, 等. 2004. 沧州市地面沉降研究及防治对策. 地质调查与研究, 27(3): 157~163.

徐剑波, 宋立生, 彭磊, 等. 2011. 土壤养分空间估测方法研究综述. 生态环境学报, 20(8): 1379~1386.

徐阳春, 沈其荣, 冉炜. 2002. 长期免耕与施用有机肥对土壤微生物生物量碳、氮、磷的影响. 土壤学报, 39(1): 89~96.

许菁, 李晓莎, 许姣姣, 等. 2015. 长期保护性耕作对麦-玉两熟农田土壤碳氮储量及固碳固氮潜力的影响. 水土保持学报, 29(6): 191~196.

许信旺. 2008. 不同尺度区域农田土壤有机碳分布与变化. 南京: 南京农业大学博士学位论文.

薛建福, 赵鑫, Dikgwatlhe S B, 等. 2013. 保护性耕作对农田碳、氮效应的影响研究进展. 生态学报, 33(19): 6006~6013.

杨黎, 王立刚, 李虎, 等. 2014. 基于 DNDC 模型的东北地区春玉米农田固碳减排措施研究. 植物营养与肥料学报, 20(1): 75~86.

杨林章, 冯彦房, 施卫明, 等. 2013. 我国农业面源污染治理技术研究进展. 中国生态农业学报, 21(1): 96~101.

杨林章, 孙波. 2008. 中国农田生态系统养分循环和平衡及其管理. 北京: 科学出版社.
杨艳丽, 史学正, 于东升, 等. 2008. 区域尺度土壤养分空间变异及其影响因素研究. 地理科学, 28(6): 788~792.
杨正礼, 王道龙, 李茂松, 等. 2006. 中国粮食与农业环境双向安全战略思考. 中国农业资源与区划, 27(6): 1~4.
尹飞, 毛任钊, 傅伯杰, 等. 2006. 农田生态系统服务功能及其形成机制. 应用生态学报, 17(5): 929~934.
于飞, 施卫明. 2015. 近10年中国大陆主要粮食作物氮肥利用率分析. 土壤学报, 52(6): 1311~1324.
于贵瑞, 高扬, 王秋凤, 等. 2013. 陆地生态系统碳氮水循环的关键耦合过程及其生物调控机制探讨. 中国生态农业学报, 21(1): 1~13.
余新晓, 张振明, 朱建刚. 2009. 八达岭森林土壤养分空间变异性研究. 土壤学报, 46(5): 959~964.
张春娜. 2004. 中国陆地土壤氮库研究. 重庆: 西南农业大学博士学位论文.
张福锁, 马文奇. 2000. 肥料投入水平与养分资源高效利用的关系. 生态环境学报, 9(2): 154~157.
张福锁, 王激清, 张卫峰, 等. 2008. 中国主要粮食作物肥料利用率现状与提高途径. 土壤学报, 45(5): 915~924.
张国盛, 黄高宝, Chan Y. 2005. 农田土壤有机碳固定潜力研究进展. 生态学报, 25(2): 351~357.
张海林, 孙国峰, 陈继康, 等. 2009. 保护性耕作对农田碳效应影响研究进展. 中国农业科学, 42(12): 4275~4281.
张庆忠, 吴文良, 林光辉. 2006. 小麦秸秆还田对华北高产粮区碳截留的作用. 辽宁工程技术大学学报, 25(5): 773~776.
张四海, 曹志平, 张国, 等. 2012. 保护性耕作对农田土壤有机碳库的影响. 生态环境学报, 21(2): 199~205.
张维理, 田哲旭, 张宁, 等. 1995. 我国北方农用氮肥造成地下水硝酸盐污染的调查. 植物营养与肥料学报, 1(2): 80~87.
张云贵, 刘宏斌, 李志宏, 等. 2005. 长期施肥条件下华北平原农田硝态氮淋失风险的研究. 植物营养与肥料学报, 11(6): 711~716.
赵莉敏, 史学正, 黄耀, 等. 2008. 太湖地区表层土壤养分空间变异的影响因素研究. 土壤, 40(6): 1008~1012.
赵士诚, 曹彩云, 李科江, 等. 2014. 长期秸秆还田对华北潮土肥力、氮库组分及作物产量的影响. 植物营养与肥料学报, 20(6): 1441~1449.
赵同科, 张成军, 杜连凤, 等. 2007. 环渤海七省(市)地下水硝酸盐含量调查. 农业环境科学学报, 26(2): 779~783.
中国农业科学院土壤肥料研究所. 1986. 中国化肥区划. 北京: 中国农业科技出版社.
周慧平, 高超, 孙波, 等. 2007. 巢湖流域土壤全磷含量的空间变异特征和影响因素. 农业环境科学学报, 26(6): 2112~2117.
周莉, 李保国, 周广胜. 2005. 土壤有机碳的主导影响因子及其研究进展. 地球科学进展, 20(1): 99~105.
周志华, 肖化云, 刘丛强. 2004. 土壤氮素生物地球化学循环的研究现状与进展. 地球与环境,

32(z1): 21~26.

朱明. 2016. 科学施肥在推进高效环保农业发展中的作用与路径. 山西农业科学, 42(9): 984~986.

朱兆良. 1985. 我国土壤供氮和化肥氮去向研究的进展. 土壤, 17(1): 2~9.

朱兆良. 1992. 农田生态系统中化肥的去向和氮素管理. 南京: 江苏科学技术出版社.

朱兆良. 2010. 关于推荐施肥的方法论-区域宏观控制与田块微调相结合的理念. 见: 中国植物营养与肥料学会. 中国植物营养与肥料学会 2010 年学术年会论文集. 银川.

朱兆良, 金继运. 2013. 保障我国粮食安全的肥料问题. 植物营养与肥料学报, 19(2): 259~273.

Batjes N H. 1996. Total carbon and nitrogen in the soils of the world. European Journal of Soil Science, 47(2): 151~163.

Bindraban P S, Stoorvogel J J, Jansen D M, et al. 2000. Land quality indicators for sustainable land management: Proposed method for yield gap and soil nutrient balance. Agriculture Ecosystems & Environment, 81(2): 103~112.

Borlaug N. 2007. Feeding a hungry world. Science, 318(5849): 359~359.

Chivenge P, Vanlauwe B, Gentile R, et al. 2011. Organic resource quality influences short~term aggregate dynamics and soil organic carbon and nitrogen accumulation. Soil Biology & Biochemistry, 43(3): 657~666.

Cui S, Shi Y, Groffman P M, et al. 2013. Centennial-scale analysis of the creation and fate of reactive nitrogen in China (1910–2010). Proceedings of the National Academy of Science, 110(6): 2052~2057.

FAO. 2003. Land and Water Development Division. https://www.susana.org/en/community/partners/list/details/53[2018-12-12].

He J, Li H W, Rasaily R G, et al. 2011. Soil properties and crop yields after 11 years of no tillage farming in wheat-maize cropping system in North China Plain. Soil & Tillage Research, 113(1): 48~54.

Hook P B, Burke I C. 2000. Biogeochemistry in a shortgrass landscape: Control by topography, soil texture, and microclimate. Ecology, 81(10): 2686~2703.

Jobbágy E G, Jackson R B. 2000. The vertical distribution of soil organic carbon and its relation to climate and vegetation. Ecological Applications, 10(2): 423~436.

Ju X T, Xing G X, Chen X P, et al. 2009. Reducing environmental risk by improving N management in intensive Chinese agricultural systems. Proceedings of the National Academy of Sciences of the United States of America, 106(9): 3041~3046.

Lal R. 2004. Soil carbon sequestration impacts on global climate change and food security. Science, 304(5677): 1623~1627.

Li C, Cui J, Sun G, et al. 2004. Modeling impacts of management on carbon sequestration and trace gas emissions in forested wetland ecosystems. Environmental Management, 33(S1): S176~S186.

Li C, Frolking S, Harriss R. 1994. Modeling carbon biogeochemistry in agricultural soils. Global Biogeochemical Cycles, 8: 237~254.

Li C. 2007. Quantifying greenhouse gas emissions from soils: Scientific basis and modeling approach. Soil Science and Plant Nutrition, 53: 344~352.

Li J T, Zhang B. 2007. Paddy soil stability and mechanical properties as affected by long-term application of chemical fertilizer and animal manure in subtropical China. Pedosphere, 17(5): 568~579.

Liu Y S, Wang L J, Long H L. 2008. Spatio-temporal analysis of land-use conversion in the eastern coastal China during 1996-2005. Journal of Geographical Sciences, 18(3): 274~282.

Long H L, Liu Y S, Wu X Q, et al. 2009. Spatio-temporal dynamic patterns of farmland and rural settlements in Su-Xi-Chang region: Implications for building a new countryside in coastal China. Land Use Policy, 26(2): 322~333.

Lu F, Wang X K, Han B, et al. 2009. Soil carbon sequestrations by nitrogen fertilizer application, straw return and no-tillage in China's cropland. Global Change Biology, 15(2): 281~305.

McElroy M. 1983. Global change: A biogeochemical perspective. California: Jet Propulsion Lab. California Institute of Technology.

Neff J C, Townsend A R, Gleixner G, et al. 2002. Variable effects of nitrogen additions on the stability and turnover of soil carbon. Nature, 419(6910): 915~917.

Norton J B, Mukhwana E J, Norton U. 2012. Loss and recovery of soil organic carbon and nitrogen in a semiarid agroecosystem. Soil Science Society of America Journal, 76(2): 505~514.

Parton W J, Schimel D S, Cole C V, et al. 1987. Analysis of factors controlling soil organic-matter levels in great-plains grasslands. Soil Science Society of America Journal, 51(5): 1173~1179.

Penman J, Kruger D, Galbally I, et al. 2000. Good practice guidance and uncertainty management in national greenhouse gas inventories. Ipcc Task Force on National Greenhouse Gas Inventories, 4: 1~4.

Post W M, Emanuel W R, Zinke P J, et al. 1982. Soil carbon pools and world life zones. Nature, 298(5870): 156~159.

Post W M, King A W, Wullschleger S D. 1996. Soil organic matter models and global estimates of soil organic carbon. Evaluation of Soil Organic Matter Models. Heidelberg: Springer Berlin Heidelberg. 201~222.

Post W M, Pastor J, Zinke P J, et al. 1985. Global patterns of soil-nitrogen storage. Nature, 317(6038): 613~616.

Qiu J J, Li C S, Wang L G, et al. 2009. Modeling impacts of carbon sequestration on net greenhouse gas emissions from agricultural soils in China. Global Biogeochemical Cycles, 23(1): 1~16.

Rosenzweig C, Tubiello F N. 2007. Adaptation and mitigation strategies in agriculture: An analysis of potential synergies. Mitigation and Adaptation Strategies for Global Change, 12(5): 855~873.

Sandhu H S, Wratten S D, Cullen R, et al. 2008. The future of farming: The value of ecosystem services in conventional and organic arable land. An experimental approach. Ecological Economics, 64(4): 835~848.

Sarmiento L, Bottner P. 2002. Carbon and nitrogen dynamics in two soils with different fallow times in the high tropical Andes: indications for fertility restoration. Applied Soil Ecology, 19(1): 79~89.

Smith W N, Grant B B, Desjardins R L, et al. 2008. Evaluation of two process-based models to estimate soil N_2O emissions in Eastern Canada. Canadian. Journal of Soil Science, 88: 251~260.

Snyder C S, Bruulsema T W, Jensen T L, et al. 2009. Review of greenhouse gas emissions from crop production systems and fertilizer management effects. Agriculture Ecosystems & Environment, 133(3-4): 247~266.

Socolow R. 1997. Industrial Ecology and Global Change. Cambridge: Cambridge University Press.

Song G H, Li L Q, Pan G X, et al. 2005. Topsoil organic carbon storage of China and its loss by cultivation. Biogeochemistry, 74(1): 47~62.

Sterner R W, Elser J J. 2002. Ecological Stoichiometry: The Biology of Elements from Molecules to the Biosphere. Princeton: Princeton University Press.

Stevenson F J. 1982. Nitrogen in Agricultural Soils. Madison USA: American Society of Agronomy.

Swinton S M, Lupi F, Robertson G P, et al. 2007. Ecosystem services and agriculture: Cultivating agricultural ecosystems for diverse benefits. Ecological Economics, 64(2): 245~252.

Tang H, Qiu J, Ranst E V, et al. 2006. Estimations of soil organic carbon storage in cropland of China based on DNDC model. Geoderma, 134(1-2): 200~206.

Wang S L, Huang M, Shao X M, et al. 2004. Vertical distribution of soil organic carbon in China. Environmental Management, 33(1): S200~S209.

Webster R. 1985. Quantitative Spatial Analysis of Soil in the Field. Advances in Soil Science. New York: Springer. 1~70.

Xie Z B, Zhu J G, Liu G, et al. 2007. Soil organic carbon stocks in China and changes from 1980s to 2000s. Global Change Biology, 13(9): 1989~2007.

Xu F. 2002. China's Agriculture and Sustainable Development, in China's Population Resources Environment and Sustainable Development. Beijing: Xinhua Press. 591~642.

Yu G R, Li X R, Wang Q F, et al. 2010. Carbon storage and its spatial pattern of terrestrial ecosystem in China. Journal of Ecology and Resource, 1(2): 97~109.

Zhang X Y, Sui Y Y, Zhang X D, et al. 2007. Spatial variability of nutrient properties in black soil of northeast China. Pedosphere, 17(1): 19~29.

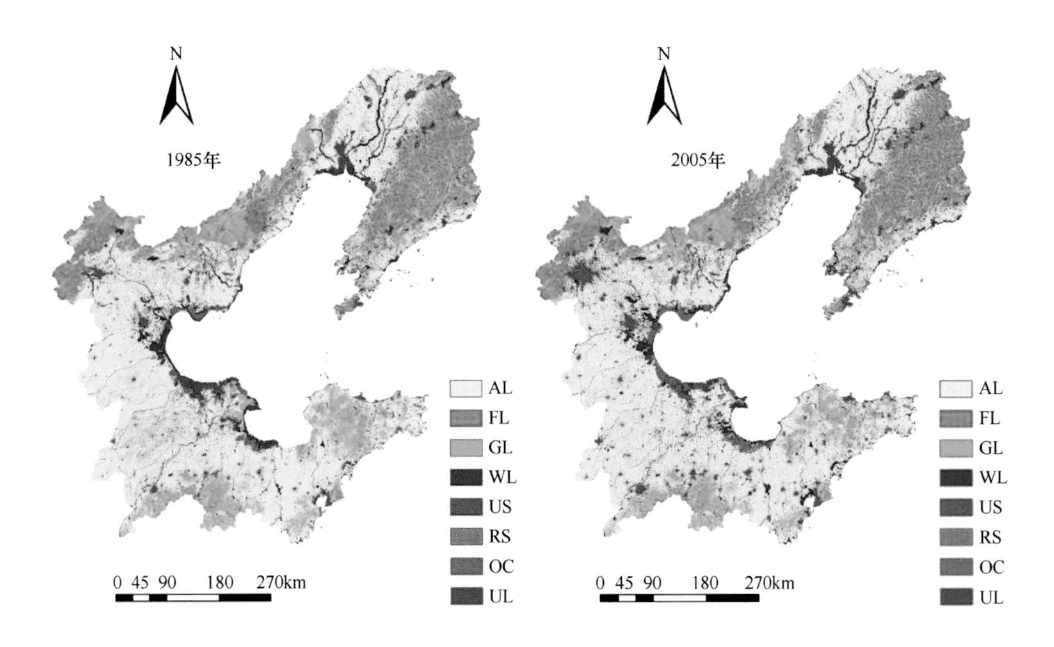

图 2.2 1985 年、2005 年环渤海地区土地利用现状

AL. 耕地；FL. 林地；GL. 草地；WL. 水域面积（湖泊、河流、人工湖和池塘）；US. 城市社区；RS. 农村居民点；OC. 其他建设用地；UL. 未利用土地，下同

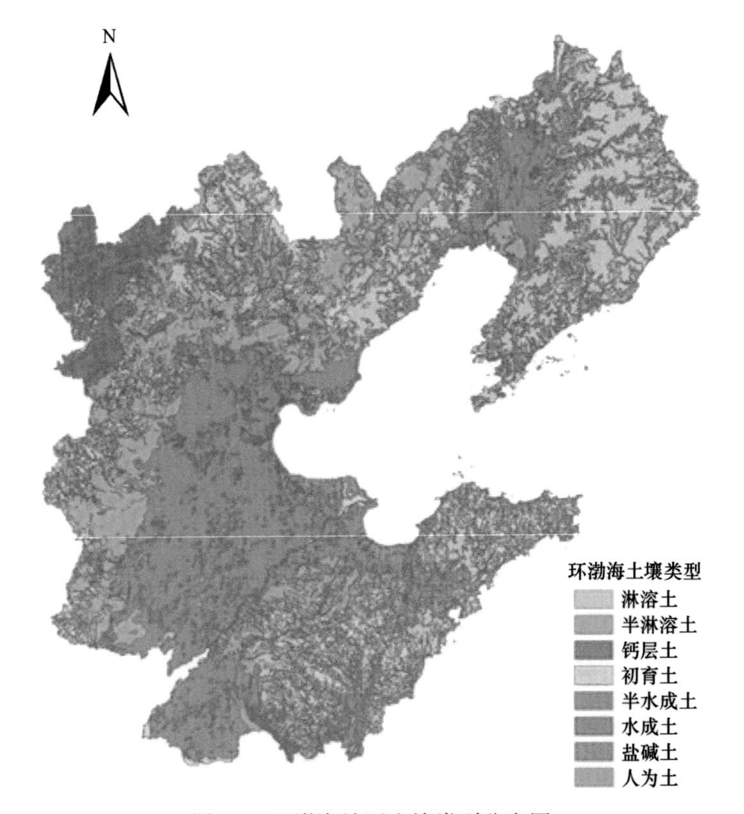

图 4.1 环渤海地区土壤类型分布图

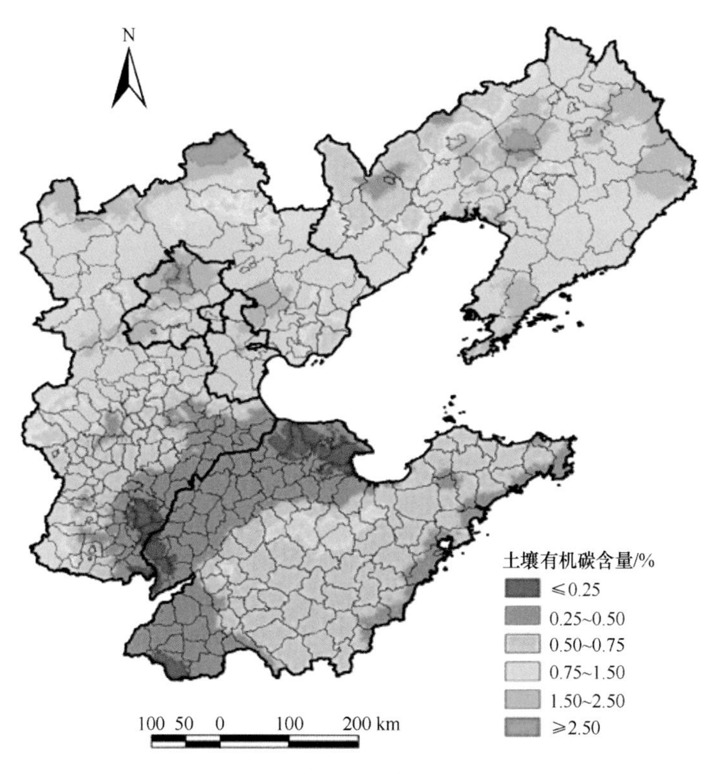

图 4.3　环渤海地区土壤有机碳分级图

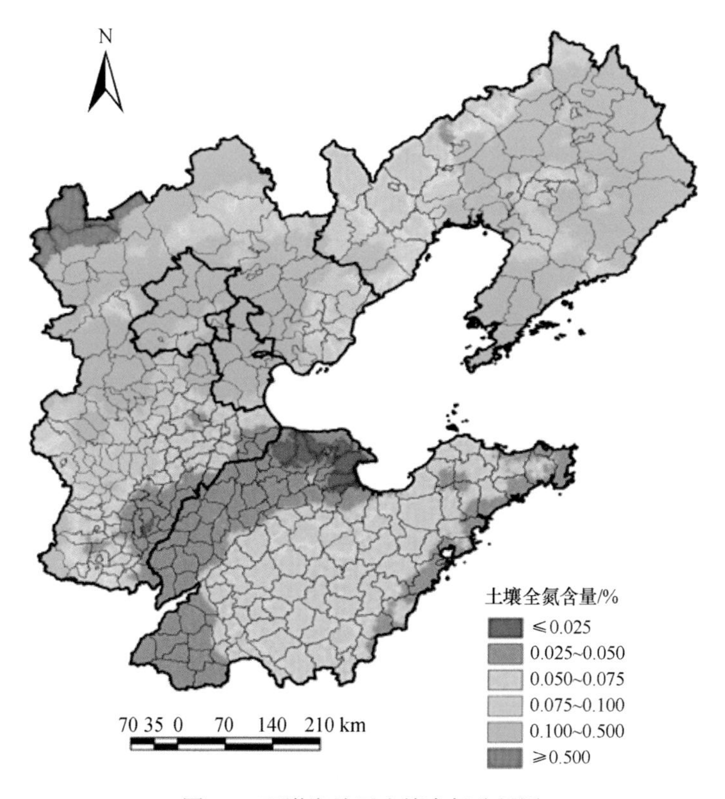

图 4.5　环渤海地区土壤全氮分级图

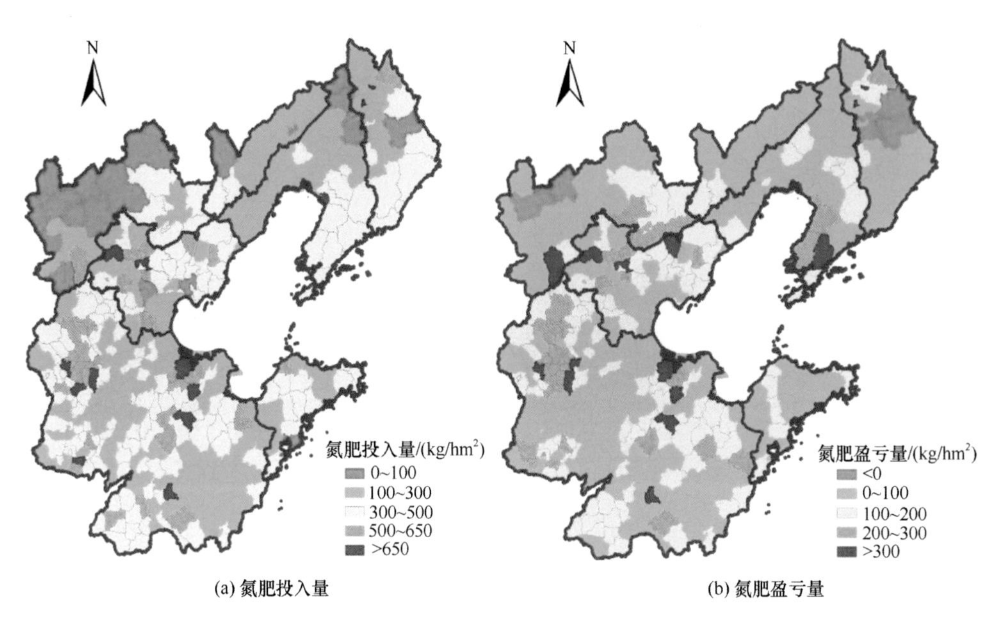

图 6.3　2008 年环渤海地区县域农田土壤氮肥投入与氮肥盈亏空间分布

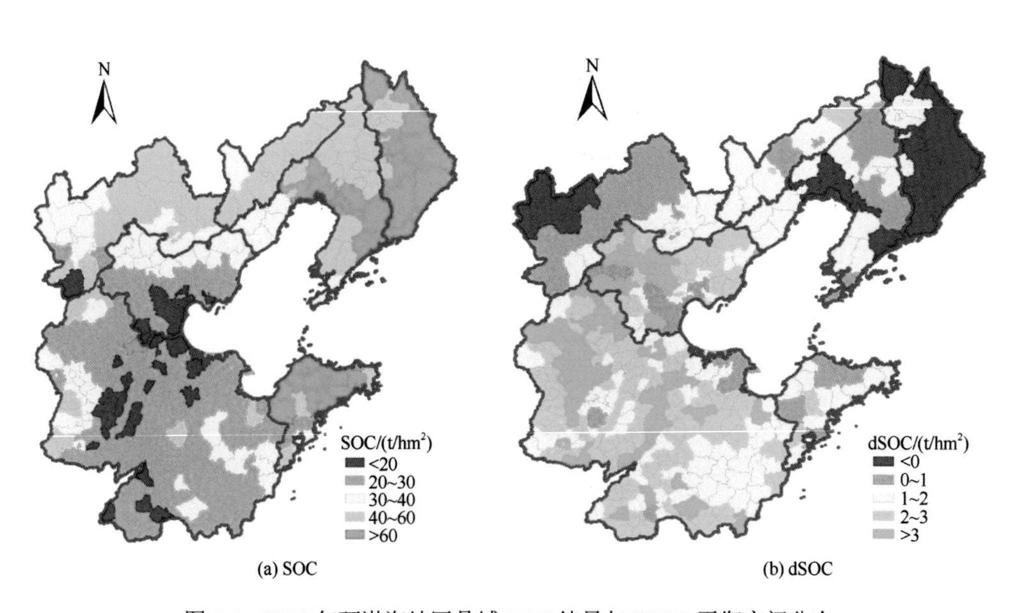

图 6.6　2008 年环渤海地区县域 SOC 储量与 dSOC 平衡空间分布